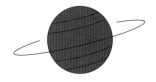

計程車上的天文學家

天文學家和計程車司機的宇宙漫談

TAXI FROM ANOTHER PLANET

CONVERSATIONS WITH DRIVERS ABOUT LIFE IN THE UNIVERSE

Charles S. Cockell

查爾斯・科克爾——著　蔡承志——譯

目次 contents

由於工具和技術進步了，太空探索也愈來愈有可能實現。……數百年後，我們仍會敬仰地球探險家，頌揚他們的故事和勇氣。但我們的歷史書也會講述冒險穿越太陽系內最險峻地勢的人所經歷的輝煌壯舉和瀕死險境。

不過讓我們暫且先想想我們是否已經有技術能力，足以在另一顆行星上建立人類文明的分支。目前我們還沒有這種技術，但如果我們真正投入這個想法，我們在下一個十年就可以擁有這門技術。抵擋地球發生行星規模災難的能力，就在我們的掌控範圍下。

你看到的所有事物其實都是百分之九十九以上空無一物的物質雲，散布在地球上的電子機率場。而地球本身也不過就是在一片電子機率場汪洋中無數質子和中子的結合。……這個活生生的世界，這整個宇宙，不過就是粒子及其機率場的交互作用而已。

序

真有外星人嗎？

Do Aliens Exist?

這是一種神祕、魅惑又迷人的東西，我們稱之為生命。作為畢生致力研究生命的專業人士，我在各種場合都經常和人談起生命究竟是什麼，其他星球上可不可能有生命存在。不論是在派對上或者搭機旅行時，有關我們是不是獨自存在於宇宙中，還有為什麼這麼宏大的實驗，竟然會在地球上展開的課題，總是能夠激起最認真又最有趣的對話。而且我還發現，有這麼一群人聊起這類話題時特別感興趣：計程車司機。

日復一日，計程車司機都置身於豐富多彩的人類動物園當中。他們與三教九流的人士展開對話，或者被迫聽取各種觀點：左派、右派、虔誠教徒、無神論者、保守派、自由派、吃純素的或吃肉的。計程車司機以一種很少人能夠做到的方式，與我們文明的集體思維聯繫在一起。他們感受到人類思想的脈動。很少有其他人能夠一天又一天，不斷接觸這麼豐富的人類經驗和觀點。

我很少外出，這倒不是自貶身價，我猜我們大多數人都是如此。我是個學者，我和與我抱持相似世界觀的人一同撰寫科學論文。我參加科學研討會，人們在會議上討論並思索我感興趣的事務。當我走出同儕的圈子，和其他人交談時，他們往往會問起有關科學的問題，所以到頭來，我們還是在談論我熟悉的內容。我猜想企業界人士或甚至房地產仲介應該也是這樣吧。我打賭他們不太會談起外星人，當他們在派對上，我懷疑他們最終仍會向人們提出房地產相關建議。這樣也蠻好的。生命短暫，我們不可能掌握所有的人類知識。合理的做法是專注於一小部分智慧，充分吸收，然後嘗試依循這個途徑，對我們的文明做出一點貢獻。

話雖如此，了解其他人對我們所面臨的一些重大問題的看法，確實很能啟迪思維。例如，我們是不是獨自存在於宇宙中？我想這個問題肯定引起許多人的關注，不論他們是房地產仲介或是科學家。然而，這不僅僅只是科學問題，我們在日常生活中也常常會自問：我是否孤獨？是在物理意義上的孤獨，還是在某種特定觀點上的孤獨？孤獨是種深刻的人類體驗。我們自然會想知道，人類這個物種在寒冷、浩瀚、無垠的宇宙中是否孤獨。

當我們詢問外星生命是否存在時，肯定會有相關問題跟著出現。為什麼我應該關心外星人？如果真的有外星生物，當他們出現在我的家鄉，會發生什麼事情？如果那些外星生物只是一批翻滾的、蠕動的細菌，小到肉眼難辨，那麼我該如何對待他們，會有任何不同嗎？為什麼要花我納稅的錢，來尋求這些問題的解答呢？撇開外星人不談，我有沒有機會親自上太空？所有這些問題對我的生活又意味著什麼？

二〇一六年一個悶熱的日子，我搭上一輛計程車，從倫敦的國王十字車站（King's Cross railway station）前往唐寧街十號。這可不是我每天的例行行程，而是我有幸應邀參加首相為英國太空人提姆．皮克（Tim Peake）舉辦的派對。皮克在完成國際太空站上為期六個月的探索之後返回地球。在前往唐寧街的路上，好奇的計程車司機問我：「外星上有計程車司機嗎？」本書的概念就是在那時誕生了。

我經常同計程車司機閒聊，這位司機的提問就是閒聊下的產物。一開始先是詢問我要去哪裡、去那裡做什麼，然後漸漸聊到有關極端環境下的生命，最後演變成探討外星生命，以及地球上生命顯然具備的無窮適應性，是否意味著宇宙中也充滿生命。雖然我已經多次經歷這樣的對話——這畢竟是我工作的一部份——但每次的結果都大為不同。就像開車隨機穿越鄉間，行駛在偏僻巷道和泥濘小路上，這樣的對話總會帶來意想不到的驚奇轉折。

當我公開演講談論宇宙中的生命，形式總是如出一轍。我致力找出這個主題的有趣角度引起聽眾興趣，最後，只要聽眾覺得我講得還算有趣，他們就會提問。不過計程車司機的情況不一樣。他們不必等待發表，你一打開車門就座，他們就開始提問那些他們覺得重要的議題，並且探究你會怎麼回應。

所有這些討論都有一個共通點：它們總是十分有趣。計程車司機沒有包袱，不被學術知識、技術細節和不確定性所養成的保守觀點給拖累，而且對大多數人認為重要的問題，他們都有清晰的觀點。有時他們還會提出全新的思維。我在二〇一六年那天的經歷，就是個絕佳範例。試想，有哪位學者會站在兩百名大學生面前，然後一本正經地問道，外星上有沒有計程車司機？然而，我現在就真的遇到這樣的問題。

這位計程車司機的提問，就像本書包含的眾多問題中的一個典型。看似簡單的問題，往往蘊含了更多有趣的內涵；有些我們甚至無法解答。外星上若要有計程車司機，首先我們必須發現生命在某個行星上萌發，這些生物還必須有智慧，然後他們還必須發明經濟體系和計程車。然而你如何能從一顆新近凝結成形的發光行星上的一些化合物，演進到一個坐在計程車裡面的人呢？這過程上有多少步驟，其中一個步驟隨著另一個出現的可能性有多高？即便出現了簡單有機生物，是不是一定能演化出智慧生命和複雜的社會？我的司機一瞬間提出的奇思妙想，開啟了潘朵拉的盒子，釋放出無數有關宇宙其他地方誕生生命的可能性，以及有關人類社會本質的種種想法。若透過外星的視角來審視，地球上許多看似必不可免的事物——無論從生物學還是文化的角度來看——都會變得相當偶然。當天下午稍晚，我手持酒杯聆聽德蕾莎・梅伊（Theresa May）首相致詞歡迎皮克返回，她演講的內容從我左耳進，右耳出。我滿腦子裡想的都是外星上的計程車司機。

計程車司機還可能提出哪些有關於外星人、太空探索以及整體生命現象的問題？從那一天起，我把搭計程車當成是提問、交談和思考宇宙生命相關議題的機會。

在這本書中，我蒐集了一系列關於我和計程車司機交談所引發令人興奮的主題。這裡我要提醒各位，所有這些內容都深刻地反映了我的個人觀點。這也難怪，畢竟每一章都是來自我與計程車司機的親身交談。我也嘗試讓你知道，我們對這些問題認識多少，以及科學界對其中一些問題的最新看法。這當中有些問題涉及外星人，像是他們是否存在、可不可能被發現，還有他們可能長什麼樣子。然而，宇宙生命之謎是個多層面的問題。我希望這本書能夠向你表明，我們對這個主題的好奇心，同時也涉及很廣泛的層面，包括生命如何起源的科學問題、是否應該探索太空的政治問題，以及我們生命意義這類深刻問題。期盼你能加入，隨我踏上旅程瀏覽沿路風光。

或許在遙遠星系某處，有外星的科學家寫了本書來討論他們從外星計程車司機學到的東西。在已知宇宙中，是否有許多這樣的書被寫了出來？這是第一本還是第五十本？我不知道，去問計程車司機吧。

在地球上，計程車司機是一種隨處可見的文明特徵，就像在倫敦的這些例子。但計程車司機是生物演化的普遍結果嗎？

Chapter 1

外星有計程車司機嗎？

Are There Alien Taxi Drivers?

從國王十字車站搭了趟計程車到威斯敏斯特，前往參加皮克的接風宴，歡迎他從國際太空站返回地球。

那是個悶熱的日子，即使在地下情況也沒多好。我得準時抵達唐寧街十號不能遲到，看到地鐵擠滿通勤旅客，我離開地鐵站，招了輛計程車。

司機戴著眼鏡，看起來約四十五歲上下，爽朗地問我要去哪裡。我告訴他地址，也就是我們的首相官邸所在，勾起了他的興趣。他好奇地問我去那裡做什麼？我告訴他，太空人皮克從太空回來，首相要設宴接風歡迎他回家，而我是其中一位幸運獲邀的來賓。於是我們很自然地聊起了關於我的工作、我對太空探索的興趣，以及我沈迷鑽研地球以外是否可能有生命等等話題。不過在計程車後座若只滔滔不絕談論自己的生活，會顯無聊又顯得自戀，於是我想知道他對於其他星球，像是火星有沒有生命持什麼看法。

「你覺得火星上可能有任何生命嗎？」我問。

「火星上的生命，老兄，我對那的確很感興趣，但宇宙其他地方的外星人呢？」他意有所指地反問。或許他是在探求更宏大的事物，追尋先進的外星人。

「你覺得宇宙其他地方也有智慧生物嗎？」我問道。

「我想一定有，」他回答。「有這麼多星星和星系，那裡必定有生命。不可能只是細菌，肯定有像我們這樣的生物。」

他似乎對這個話題很感興趣。他在同一句話中談到細菌和星系，表達得很流利，看來他之前有可能想過這類事情。

「你認為他們會是什麼模樣？會像我們這樣嗎？」我追問他。

「嗯，我覺得應該是。我想問的是……」他沉默了片刻。接著，他以充滿活力和意味深長的口吻說：「外星上會不會有計程車司機呢？」他又暫停了一下。「其他星球有沒有像我這樣的計程車司機開著車到處跑，然後和外星人聊天，就像我們現在這樣？」再一次暫停。「是啊，我就問你，外星有沒有計程車司機？宇宙其他地方有像我這樣的人嗎？」

我當科學家大約有三十年了，至少從專業角度來看是這樣，而且我參加過無數次會議和研討會。在那段時間，我聽過無數次科學家同儕們在討論外星生命。但在從國王十字車站搭計程車到唐寧街十號的那趟短暫車程當中，我聽到了一個我所遇過最中肯的問題：外星有計程車司機嗎？他提了一個很好的問題，我不能辜負他，所以下面我要詳細一點敘述我告訴他的內容。

計程車司機是個了不起的事物。下次當你遇見一位計程車司機，或許你可以想想他們是怎麼來的。要製造出他們，宇宙中的物質要經過攪動、旋轉，然後再依序完成好幾個步驟。仔細揣想過這些步驟，你就能明白為什麼計程車司機的出現意義重大，也才能繼續探討計程車司機是不是在宇宙其他地方也普遍存在。

首先，當然得問宇宙是怎麼形成的，以及為什麼這個宇宙適合計程車司機。有沒有其他的宇宙、平行宇宙，那裡的物理定律不允許出現計程車司機？例如，某些宇宙基本常數的細微差異，導致計程車根本不可能存在？這些問題留給宇宙學家去思考，這裡我就先不討論了，只專注在我們住的這個宇宙，這裡的物理法則允許計程車司機出現。（我迴避討論這個問題本身就非常特別，它生動地反映了光是要解釋我們自身的起源就已經有多麼困難，更別提計程車司機的存在了。）

宇宙形成之初，構成宇宙的基本元素——氫、氦和大量輻射——還遠不足以誕生出一位計程車司機。這個情況適用於全宇宙各處，當時處處都還是「前計程車司機」的宇宙格局。確實，計程車司機就像地球上的所有生命，至少需要六種元素來做為他們的生物化學的核心組成部分：碳、氫、氮、氧、磷和硫，有時簡稱為CHNOPS元素。除了氫之外，其他五種元素都是在大質量恆星的核心裡面生成的，那些天體的溫度和化學反應極端到足以製造出比氫和氦重得多的元素。當這些恆星爆炸時，便將組成計程車司機所需的成分向外布滿了整個宇宙，於是這般宏大的爆炸，還會產生出更重的元素，好比遍布計程車司機生物化學當中的銅、鋅以及其他元素。

這時，有了這麼多元素之後還必須組裝成可以複製的分子——這是生命的初始。不然，它們就只能繼續作為一批在宇宙各處游蕩和混雜的原子集合，如此而已。那麼，一批原子集合究竟是怎麼結合成第一群可以開始複製的分子呢？它們如何開始複製自己，那其中又有多少細微的變化促成改良，推動演化呢？儘管經過了數十年的努力，答案依然是個謎。我們仍然不知道這種最初自我複製的化學作用，是如何在三十五億年前發生，最終造就出了計程車司機和我們在世界上所認識的一切。

對於這種從化學到生物學的轉變，我們並非一無所知。我們了解其中的一些基本原理：我們需要可以提供能量和化學條件的合宜環境，以利形成細胞的化學反應。地球早期並不乏這樣的可能地點，那裡的環境或許就能提供這種理想條件，完全適合孕育出生命。從大洋海底噴發高溫液體的火山口，到小行星和彗星撞擊造成的古老隕石坑，都是可能發生生命孕育反應的場址。生命的明確成分配方至今仍有爭議，不過我們知道這些成分都是在地球本身和太陽系的旋轉氣體中生成的。我們在模擬早期地球條件的實驗室實驗中，發現了這些相同的生命組成部分，而那些成分也出現在早期行星的隕石當中，而那就是我們宇宙近鄰在拂曉時期殘留的岩塊。

不過起初從能量和化學物質混和的宇宙原始湯中，最先萌生的是什麼東西，目前仍不確定。我們不知道這些簡單的化學物質，是如何組合成細胞的新陳代謝途徑和複製鏈。這有可能是僥倖的產物，也可能是無可避免的。這裡我們遇到了第一個瓶頸。倘若在溫暖、潮濕的行星上，億兆不可勝數的化學反應，勢必會造就出自我複製的和演化的生物作用——也就是生命——那麼我們已經更接近我們的目標：計程車司機。然而倘若這種過渡是在龐大不可思議的數量當中唯一發生的一次——十分渺茫機率中的一次偶發事例，即便在浩瀚宇宙中也不可能重複多次——那麼計程車司機就會變得極端罕見。

一旦地球上出現了這種具有複製能力的原初生命分子，它們就會開始越變越複雜的旅程。它們的一個首要成就是被包覆在一層薄膜裡面——形成了一種細胞結構。在外壁的保護之下，這些分子可以探索新的代謝和化學途徑，最終使它們能夠適應我們這顆星球各處的互異環境。新的途徑讓它們能夠以硫和鐵為食物來源。隨後，或許在許久許久之後，細胞內產生的醣就可能有助於某些微生物在早期的陸塊上熬過乾旱。經過十億年或更久遠的時間後，這些細胞、這些微生物就會擴散到整顆行星，探索浩瀚的多樣性和演化的組合和可能。它們一路跋涉，進入各處角落和縫隙，分布範圍從極地冰帽一直到火山池的熾熱岩漿。這些早期的化學物質，基本上已經擺脫了必須依賴海洋稀釋、分離和運動的限制。細胞征服了世界。

經歷了這些事件並推展到今日，海洋和陸地到處都充滿了微生物。如今我們認為，這些微生物的數量不是十億或一兆，而是一後面再加上三十個零。對於這麼龐大的數量，我們甚至沒有一個正式的稱呼，因為它實在太過龐大。然而，微生物在複雜性上有其極限。它們使用的能源如氫、銨、鐵、硫等，只能支持它們建構到一定程度。這時就需要一場能源革命，才能讓這些單細胞生物轉變為更複雜的形式，最終演變成計程車司機。

早在微生物度過它們在地球上的十億歲生日之前，一場革命已悄然在幕後開展。關鍵在一些被稱為稱為藍綠菌（cyanobacteria）的細胞，它們發展出能夠利用陽光和水當作能源的本領。這種新的能源收集模式，開啟了一片廣大的天地，因為任何具備這兩種成分的地方，現在都可以被視為生命的家園。這種光合作用的形式，讓生命擺脫了岩石礦物的束縛，於是細胞不再被嚴格約束在那些能夠獲取能源的地點，從此生命便得以跨越整片海洋和陸地散布。

將太陽的能量轉換成維持藍綠菌（以及後來的藻類、植物和其他光合作用生物）生命能量的歷程，牽涉到能將水裂解為氫和氧的全新生化機制。氫是推動細胞不可或缺的成分。而氧則是過程中的廢棄物，被藍綠菌噴放到大氣中。在很長一段時期，這種氣體對環境並沒有什麼實際影響。氧與鐵、氫硫化物氣體以及原始大氣中的其他氣體產生反應並被吸收、移除。然而隨著時間的推移，那些耗氧反應的源頭最終逐漸枯竭，氧開始在大氣中積累，這是光合作用生命極度繁盛所帶來的結果。有人說，藍綠菌是歷史上影響最深遠的大氣污染的元兇，然而這些微生物的漫不經心並不令人沮喪，因為這些小傢伙根本不知道自己在做什麼。

對於曾經在無氧世界中快樂生活的部分微生物來說，這種新型污染物的累積有可能招致災難。

儘管我們現在都將這種氣體與生命聯繫在一起，但它實際上是一種具備活潑化學反應的物質，會生成形形色色的活性氧原子和分子，這些成分有可能會攻擊措手不及的對象，損害例如蛋白質和DNA等關鍵生命分子。暴露於氧氣中的生命，必須演化出防禦機制，才能保護自己免受這種傷害。然而每團氧氣烏雲都蘊含一線光明。當氧與有機物（也就是碳含量豐富的分子）結合，產生的反應就會釋出豐沛的能量。有氧呼吸登場。這也就是你、我和計程車司機正在使用的能量收集方式，而且也是森林火災中富含碳元素的林木在氧氣中熊熊燃燒，類似那種不受控的展示中所能看到的反應。

有了氧氣，生命現在可以獲得更豐沛的能源，也開啟了細胞整合、建構成動物的可能性。大約在五億四千萬年前，氧氣在大氣中的含量達到了一成左右的驚人比例，這也讓動物生命得以出現。隨著時光推移，動物的體型增長，捕食者和獵物之間也展開了一場軍備競賽：較大型動物能更有效地捕獵，同時也更容易逃脫被捕食的命運。氧氣啟動了這種生物形式的連串實驗歷程。

從單細胞轉變成動物，是計程車司機誕生的一個必要關鍵步驟。就像生命本身的起源，或許這同樣是必然發生的，不過也可能不是。是否在任何行星上的生命都會發現光合作用，將氧排放到大氣中？即使那種氣體充滿天空，生命是否總是會利用它來轉變成複雜的生命聚合體，誕生出能夠奔跑、跳躍和飛行的生物呢？我們能不能想像，在某些世界，只有微生物獨自布滿表面，而且當歲月終結，這些世界注定只能看到團團黏滑微生物，此外就一無所見呢？這就是從生命的基本組成部分演變出計程車司機的另一道障礙。

在我們這顆蔚藍星球上，這種轉變確實發生了。數億年來，多細胞生物蓬勃發展、多樣分化，形成我們今天所知的生態系。不過可別太過讚佩。即便到現在，微生物依然是地球上占最多數的物種，我們可說是活在微生物的世界。植物和動物只是相對較晚登場的生命現象，而且至今依然得仰賴微生物轉化成各種元素以滿足自身的營養需求。

我講完了這段生命崛起的簡要歷史，我的司機看來相當驚訝，原來在這一段漫長的時光當中，竟然發生了這麼多事。他搔了搔頭，搖下車窗，讓新鮮空氣流進來。一陣暖風撲面而來。「原來要發生這麼多事情才有現在這一切？」簡直就是一部早被遺忘的家族歷史。我繼續引導他更接近他所追尋的答案。

我解釋道，動物們展開牠們的演化旅程，但並沒有預先確立或顯而易見的方向。恐龍在陸地、海洋和空中掌握支配地位長達一億六千五百萬年。然而片刻之間，一顆來自太空的星體，結束了牠們的演化進程，也讓牠們與百分之九十九曾經存活過的動物淪落至相同的命運：滅絕。隨著歲月流逝，動植物繼續不知不覺地多樣分化，盲目地順應物理定律，遵循演化實驗的軌道行進。

之後，大約十萬年前，一種動物發展出先進的全新工具製作能力，擁有前所未見的探索和學習能力。隨後這種動物的大腦逐漸增大，能夠具備自我意識。相當於地質學眨眼瞬間，這種動物留下強大心智能力的工藝痕跡：繪畫、有造形的箭頭、陶器，最後還有太空站。是哪種生物學上的轉變，才讓意識和智慧得以萌現？這些特點一度被認為和之前的所有特徵完全不同，但我們現在知道，許多動物，從烏鴉到魚，也都擁有基本的工具製造能力，並能從事某種程度的認知作業。人類大腦在基本上並無不同，並非隨機擲骰子才因此有了智慧。但這是不是必然的發展趨勢？在這裡，我們同樣必須謙卑地面對我們的無知。這道問題涉及智慧在宇宙中是罕見的還是普遍存在的，我們目前並沒有確切的答案。

這些猿類動用心智協同合作。一旦意識到合作能帶來巨大的利益，牠們便創造出了農業、畜牧業和工業。這些成果孕育出了社會——起初是採集和農耕社群，隨後則演變成為容納數百萬人的大都會區。

隨著人類社群的增長，開始需要更有效的方法來運送資源。人類的智慧找到了答案，那就是輪子。陶製輪子最早約於西元前三五〇〇年出現在美索不達米亞，短短三百年內，它們成為雙輪馬車的基礎。大約在同一時期，我們猜測，古埃及人也正在試驗使用帶輻條的輪子。迄今發現最古老的木製輪子見於斯洛維尼亞的盧比安納（Ljubljana, Slovenia），據信可以追溯至西元前三二〇〇年左右。

隨著雙輪馬車和載貨馬車的普及，有商業頭腦的人肯定意識到，多餘的載貨空間可以善加利用，把人載送到他們想去的地方並收取一些費用。就這麼一個念頭，計程車司機應運而生。考慮到輪子是在西元前三二〇〇年問世，我估計計程車司機應該在不久之後就出現，好比說，大約在西元前三一〇〇年吧。

在這具有歷史意義的非凡時刻，當第一個人轉身對另一人說：「好的，老兄，我載你到耶利哥，但你得付給我一頭山羊，而且還有小費。」於是在無盡的宇宙中，某一顆星系旋臂上運行的不起眼恆星，在圍繞它的一顆行星上，計程車司機誕生了。或許我們會納悶，這起事件是否也是注定要發生的。憑我們的商業直覺，這種演化歷程是否必不可免？我們能不能想像有某個外星文明的經濟是以利他主義為合作基礎，有一個從不考慮支取費用來換取服務的社會？我猜想，我們可以很確鑿地論稱，即便在這樣假設的烏托邦中，司機很可能仍然堅持要求報償，用以支付車輛的基本維護費用。無論如何，一旦生物集結為社群並建立起複雜的社會，交通工具和車輛，以及計程車司機，似乎就是注定會出現。

我們走了多麼漫長的旅程。三十五億多年前，在地球表面沖刷的化學物質，轉變成了可以複製的分子，後來這些分子被包裹在細胞中，開始利用新型能量，最終變成了多細胞生物。這些生命形式演化出腦子、萌現出自我意識、發明了輪子，還成為了計程車司機。如果將整段地球歷史壓縮成一小時，那麼這篇史詩的最後階段，從計程車司機出現以來的這段時期，僅僅只持續了大約〇．〇五秒。

在這整段傳奇故事中，常常有分岔點讓生命轉到新的方向：複製分子的出現、細胞的形成、光合作用的發明，還有動物和智能的出現。我們不確定這些改變是不是必然會發生，因此也不知道它們是否會發生在宇宙中的所有地方。假若所有這些步驟確實都不太可能發生，那麼我們的地球有可能是宇宙中難得擁有計程車司機的避風港。

我搭乘的計程車轉進了白廳（Whitehall）大道，停在唐寧街十號的安檢閘門前。我結束了這趟計程車車程，同時也結束了這趟時光旅程，我的司機坐得挺直，神情近乎自豪。彷彿透過思考他的家族史，從他的祖父母一直上溯到裹覆古老地球的黏漿，他體悟到自己有多麼特別、多麼非比尋常。他咧嘴笑了，我們彼此交換了車資和感謝，揮手道別。

不論是否必不可免，我們的小世界是經歷了大量微生物、形形色色已滅絕動物的參與，走過了令人難以置信的漫長歲月，才從區區的原子進展成計程車司機。這一路上的每一步，都包含在那個問題裡面——外星上有沒有計程車司機？

下次你搭乘計程車時請設想，身為一個有意識的生命並能理解這樣的時間跨度，以及造就出生命的演化進程，是多麼的幸運。你可以自己尋思兩種令人驚奇的可能：我們生活的地方，是宇宙中唯一有計程車司機的世界；或者，散布在我們的銀河系和其他星系裡，還有更多的計程車司機，長了觸手而且健談，在各處外星城市中開車載客。

從歷史上看，人們認為外星智慧是理所當然的。一八三五年，紐約的《太陽報》(*Sun*)編造了一個令人印象深刻的騙局，他們讓讀者相信，根據最新的觀察，月球上住了長翅膀的類人生物和其他動物。

Chapter 2

跟外星人接觸會改變我們的一切嗎？

Would Alien Contact Change Us All?

搭了趟計程車從杜勒斯機場（Dulles Airport）前往美國航太總署的戈達德太空飛行中心（Goddard Spaceflight Center）。

那是華盛頓特區一個清冽寒冷的傍晚，我還有些輕微時差不適。長途飛行，接著是入境安檢、等待行李，然後排隊通過海關，讓我陷入那種跨大西洋的暈眩。當我恍惚鑽進計程車後座，預期會帶來一絲溫暖和慰藉。我才剛安頓妥當，司機立刻熱切想知道我為什麼到這裡來。我想他有五十多歲了，個頭魁梧，體形圓胖，塞在他的座位裡，身上穿著一件邊緣磨損的巨大格紋襯衫。他有一張永遠掛著笑容的臉，車內充滿了樂觀氣氛。

「我來這裡是要和一些同事討論用來探測其他行星的儀器，」我告訴他。「麻煩到航太總署戈達德太空飛行中心。」有時候當我這樣說明，我會得到點頭確認，然後一切如常進行；但有時候我會中大獎——遇到一個熱愛外星的人。在這個傍晚，縱使沒有那個心情，我依然中了獎。

「那麼外太空那裡有任何東西嗎？」我的司機一本正經地問道。身為天文生物學家是件有趣的事情。人們期望你會有答案，知道他們不知道的事情。當你告訴他們，你的猜測和他們的並沒有兩樣，這時他們會一臉茫然，甚至流露不以為然。所以我反問我的司機，他覺得未來會怎樣？

「啊，這會很可怕，沒錯吧？外星人有可能帶來疾病，就像電影裡那樣。說不定還會造成一場災難，」他以一種令人信服的憂心口吻這樣表示。他對外星人的惶惑不安，以他那帶有旋律的南方腔調道出——也許是路易斯安那州口音吧——顯得表情更加豐富。

「不過若他們不會引發疾病，你認為我們會在意嗎？」我問道。

「我不知道，不過如果他們就跟我們一樣，也許他們會很有幫助。」他思索著。

「你會嘗試跟他們接觸嗎？還是你認為我們應該完全避開他們，以免一切變得非常可怕？」我問道。

「嗯，說不定他們會提供他們的技術給我們，我們就能獲得很大的好處。就是這樣，情況很難說。」

我想知道他認為我們該不該嘗試接觸，有可能對人類社會造成什麼影響。「如果我們真的和他們接觸，你認為會不會造成混亂？」我問道。

「如果他們來這裡，我認為會帶來很多問題，」他說。「不過若他們就像你說的，只發送一則信號，也許媒體還有些東西可以報導，但我能做什麼呢？」他質疑著，措辭簡明扼要。看來他對於有可能出現在地球，卻沒有絲毫實際貢獻的外星人完全不感興趣。我認為他的回答並不會不合常理。外星人真的會改變我們嗎？如果你不必直接跟他們打交道，他們會改變你的生活嗎？我點頭表示贊同。就智慧外星文明有可能突然出現在我們家門口的想法，我的司機表現得漠不關心。這種反應並不會不合理。

但我想知道你，親愛的讀者，你對於這點有什麼看法。假使我們找到了確鑿無誤的證據，顯示地球以外存有智慧文明，你認為到時我們會怎樣？人類會不會爆發狂熱對話？我們的思維能不能超越日常瑣事，正視可能帶來的深遠影響？我們會不會害怕跟外星接觸？或者，這樣的經歷最終會讓我們在外星炫目的光芒下團結在一起，締造一段嶄新和平時期？

你或許會驚訝地發現，對這些問題我們心中已有答案，而且我們不僅僅只是猜測、推估出解答。我們清楚知道這些答案。

一九〇〇年，法國科學院宣布了一個新獎項，名為皮耶・古茲曼獎（Prix Pierre Guzman），由安妮・埃米莉・克拉拉・戈吉（Anne Emilie Clara Goguet）以兒子姓名來命名，獎金則出自她的遺贈。實際上會有兩位獲獎人分享十萬法郎。其中一個獎是為了表彰醫學方面的成就；另一個則是贈與率先與外星文明交流的第一人。但這裡有個條件：火星被排除在外，因為獎項委員會覺得與火星人交流太容易了。

是什麼原因讓科學院這般確信外太空有生命？這種觀點當然並不新鮮。我們在宇宙中的地位具有深奧意義，古希臘人早有所體認，並導出了類似的結論。德謨克利特（Democritus）的學生，希俄斯的梅特羅多勒斯（Metrodorus of Chios）提出了有關物質基本粒子的基本理論，並在西元前四世紀表示，「若是在一片廣大的平原上只有一根穗，或者在無限中只有一個世界，那就太奇怪了。」當然了，農人總是撒下很多種子。撇開技術爭議不談，梅特羅多勒斯提出的觀點是正確的，也就是當條件成熟，適合生命存續，通常就會有大量生命蓬勃發展，並不會僅只出現單獨一個。因此，梅特羅多勒斯推斷，地球存在的這個事實，意味著宇宙中存在著大量類似地球的世界。

地球上有生命就意味著宇宙其他地方也會有生命，這種邏輯從直覺來看是合理的。然而，只要在生命起源的過程中，有一個步驟極不可能出現，那麼梅特羅多勒斯的推理就依然是錯的，地球有可能是一片全無生機荒地中的唯一植株。然而他以一種美麗、簡潔有力的思維，抓住了一個千古共鳴的永恆問題：我們行星上的生命，是不是意味著其他地方也有生命？梅特羅多勒斯是已知最早對外星可能存有生命、並對此深深著迷的人，這種可能性到後來廣泛激發了人們的想像。

正如法國科學院的規則所顯示，梅特羅多勒斯的樂觀延續了下來。在二十世紀初，人們普遍認為火星上有生物居住，因為它很靠近地球，而且它很像我們的地球，同樣是顆岩質行星，因此也應該有類似的文明。如今這樣的觀點看起來很荒謬，不單是由於我們已知火星上並沒有外星社會，也因為我們難以理解，那麼篤定外星人絕對存在的人們，心中是怎麼想的。時至今日，任何發現只要有可能表明火星曾經具備孕育生命的條件，都會讓我們無比振奮。不過對於皮耶·古茲曼獎的主辦方來說，火星上的生命顯得平庸無趣。

這個獎項把火星排除在外，包含了一個可回覆我的計程車司機所提問的答案——倘若外星人肯定存在，會不會大幅影響人類社會。謹記一件很有啟發意義的事情，那就是歷史上有一段時期，人們不僅深信地球以外存有智慧文明，甚至還視之為理所當然。與此同時，我們知道戰爭一如既往繼續進行；人類並未達到和諧。我們也知道「外星人」引發許多討論，卻僅限於書籍、少數知識分子，或許還有一些晚宴上的談話。對於大多數人來說，生活基本上沒有受到影響。火星人與租金或食物價格幾乎沒有絲毫關係。那麼，為什麼要去在乎呢？對於一些讀者來說，過往的這種心態有可能令人沮喪，但其中也反映出令人欣慰的一點，那就是面對外星接觸可能帶來的創傷，我們的文明具備了相當程度的應付能力。

但仍然有幾方面值得我們警惕。首先，上個世紀的熱心人士實際上並不曾與外星人接觸過。在某種程度上，外星人似乎並沒有干擾人類，這種沈寂讓他們放心，沒有人處於風險之中。倘若我們收到來自遙遠文明的真實信號，反應可能就大不相同了，這種反應的性質，取決於信號本身。很久以前從遠方發送出來的信息，與源自我們太陽系內部，或者是從太陽系邊緣飄蕩的星體發出的信號，所造成的影響自然有所不同。鄰近的信號或許會讓人起雞皮疙瘩。皮耶·古茲曼獎的主辦方或許不能為我們全盤描繪出，當今人類得知外星人確實存在後會有何反應，不過他們確實提出了其中一種我們有可能的反應。

法國科學院還告訴我們另一件事，有關外星世界可能存在生命的思潮，絕不僅限於我們當前的這個科學時代。這種可能性不只啟發了古雅典的哲學家，連文藝復興和啟蒙時代也循此脈絡發展出一些驚人的觀點。有關地球以外世界最令人震驚的推測出自道明會修士、數學家暨哲學家焦爾達諾．布魯諾（Giordano Bruno）。一五四八年出生於那不勒斯（Naples），布魯諾遍遊歐洲各地，不斷學習、著述。到了一五八四年，他出版了一部如今陳列在現代書店也毫不突兀的巨著：《論無限宇宙和世界》（*On the Infinite Universe and Worlds*）。書中蘊含這條引人入勝的命題：

> 太空中有無數星座、太陽和行星；我們只看得到太陽，因為它們會發光；行星始終不可見，因為它們又小又暗。同時還有無數「地球」繞著它們的「太陽」運轉，而且並不比我們這顆星球差或相形較小。任何一顆有理智的頭腦應該都會猜想，在比起我們地球更宏偉的天體中，難道就不會有和我們人類相似或甚至更優越的生物。

就十六世紀來說，對外星生命的這種推測可說十分令人印象深刻。特別重要的是，布魯諾在四個多世紀之前，就已經討論到了系外行星。關於為什麼我們很難在遙遠恆星周圍找到類地行星的原因，他有很清晰的洞見：因為它們又小又暗。在他的同輩當中，鮮少有人能夠想到，在超出肉眼所見範圍之外的太空中，可能存有某些東西，以及明暗程度與距離會有任何關係。

不幸的是，布魯諾未能繼續鑽研他的構想。甚至在他的著作出版之前，他就被宗教裁判所逮捕，監禁了七年，最後在一六〇〇年被綁上火刑柱燒死，罪名涉及對教會長老的種種不當言行，以及抱持與天主教核心信條具有衝突的思想。他被指控為異端的理由之一，是他宣稱所謂的「多元世界說」，亦即宇宙中存有其他類似地球那樣讓各種生物得以安居的行星。多元世界的觀點威脅了人類在上帝創世中所處的特殊位置。回顧這起史實令人深省，曾有一段時期，你可能會因為談論系外行星而被燒死。

隨著十七世紀發明了望遠鏡，已故的布魯諾贏得許多同道夥伴。我們或許可以合理假設，情況將會出現逆轉：憑空想像的時代即將結束，取而代之的是一個充滿活力、有堅實觀測證據的時代。但結果卻非如此。是的，人類確實可以看到太陽系中的其他行星，而之前只能憑藉一些蛛絲馬跡。如今人們能更準確地驗證恆星之間的浩瀚距離。望遠鏡或許能顯示在我們鄰近運行的斑點是行星，但這些望遠鏡的解析度仍不足以看清表面細節。因此，前人有新的行星可供思索，但對理解這些行星局限生命的極端條件，並沒有更有利，反而讓推測和幻想恣意蔓延。豐沛的新世界只是增加了外星家園的潛在數量，讓人們以為外星生命的存在稀鬆平常。看來太陽系中到處都有文明社會。

現代人可能很難理解，在望遠鏡發明的時代，有關外星生命的種種大膽推測。特別是許多最狂野的想法，出自當時最令人信服的和最有才華的頭腦。發明擺鐘並發現了土星衛星泰坦（Titan，即土衛六）的克里斯蒂安・惠更斯（Christiaan Huygens），便針對外星生命和其他行星的適居性完成了大量著述。一六九八年，在他死後出版的遺作《宇宙觀察家》（*Cosmotheoros*）書中，詳盡綜論了他對外星世界的看法。惠更斯推想出金星上的天文學家，還認為其他智慧生命也能理解幾何學。他意識到他沒有任何證據能支持這些說法，卻沒有因此縮手。「這是個非常大膽的主張，」惠更斯寫道，「不過據我們所知，這有可能是真的，那些行星上的居民，對音樂理論的相關見識，很可能比我們還要深刻。」

對今天的讀者來說，這論述實在過於玄妙，不過只要我們心中謹記一點，就比較能夠理解，原因是十七、十八世紀的思想家往往都是博學通才，不像現代學者那樣得面對壓力，只能深入鑽研單一的狹窄領域。惠更斯也不例外；他是音樂家的兒子，本人也是個音樂理論家。

與此同時，當時的政治哲學家也開始思考，氣候是不是塑造民族性格的主要因素之一。在這樣的知識條件下，凝望夜空並看到一顆像金星這樣的行星就會引人猜想，推敲在比地球更炎熱的世界，可能出現哪些文化。或許外星人的心智更為活躍，也因此他們對音樂的理解會更令人嘆服？也許正如孟德斯鳩（Montesquieu）所言：「我在英國和義大利都看過歌劇；即使是相同的曲目，相同的演員，但同樣的音樂對這兩個國家的民眾，產生了完全不同的效果，一個如此沈靜，另一個則如此熱情如火，令人不可思議。」就連這位《論法的精神》（*Spirit of the Laws*）的作者，甚至還就此提出了一個怪誕的實驗證明他的說法：他冷凍了一塊羊舌，注意到上面的微小絨毛（他推測那部份負責品味）正在收縮。他認為這證明了寒冷溫度對神經以及對歌劇表演所產生的影響。金星人，就像義大利人和英國人，同樣被假定會受到本身所處環境的影響。

對我的計程車司機而言，惠更斯對音樂預測的意義在於他所推測的事情是否平庸無奇。太陽系中存有外星智慧生物——更不用說在遙遠系外行星上的生命——已經是如此顯而易見，我們為什麼還要假設它們存在。情況十分明朗：人們知道的夠多，足以確信其他地方也存在智慧生命。所以問題應該是，外星生命到底對音樂理解有多深。

科學的自信也反映在文學作品對外星人的相關預測。科幻小說和科學始終像跳華爾茲般相互迴旋，特別在外星生命的領域更是如此。同樣地，新興的科普寫作風格對外星人的前景同樣抱持樂觀，而且在歐洲的沙龍引發了思考與討論的狂潮。暢銷作家們宣揚外星人確切存在的信念。在諸多提及外星生命的作品和小冊中，最被廣泛閱讀的是貝爾納·德·豐特奈爾（Bernard Le Bovier de Fontenelle）於一六八六年出版的《關於世界多元性的對話》（*Conversations on the Plurality of Worlds*）。那是本很容易吸收的小書，內容討論月球和其他行星上的居民，相當扣人心弦又賞心悅目。那是科幻小說和新興科學共識的一次引人入勝的組合。該書安排了一位名為伯納德（Bernard）的旁白者，描述他在月下花園中與一位熱衷認識太陽系運作的侯爵夫人對話。這本書一點也不過時，即使今天讀來也無比愉悅。我建議各位將本書加入你的閱讀書單。

這本書很難定出評價標準，就我個人而言，其中一部分取決於豐特奈爾的說服力和謙遜的論證。他經常稱自己所知不足，並審慎避免跨越已知天文學的知識範疇，然而他卻能讓你感覺到，只有瘋子才會否認月球上存在文明。小說中的侯爵夫人聰明、風範迷人，總能提出機敏又直擊要害的問題。我們很容易看出，這本書是如何牢牢抓住了還沒有現代天文學知識的歐洲人的心思，並引領當時許多人堅信地球以外存在生命。豐特奈爾鞏固了有關外星智慧生物就在我們家門口的通俗觀點。

接著百年的探索絲毫沒有削弱想像力。威廉・赫雪爾（William Herschel, 1738-1822）登場，同樣是位出色人物，天王星和紅外線的發現者。他對天文學的思索肯定是當時的權威。然而，他在十八世紀末的著述中如此描述月球人：「稍微深思一下，我幾乎確信，我們看到月球上的無數小圓坑，正是月球人的建設成果，可以稱作他們的城鎮。」

赫雪爾看到了月球上的完美圓形特徵，而他也就像他那個時代的所有人一樣，並不理解這是由小行星和彗星撞擊月球表面所形成的。有關撞擊的一個奇特之處在於，所有由小行星或彗星形成的隕石坑，除了極大傾斜角度的撞擊，其餘都留下了幾乎完美的圓形疤痕。赫雪爾是一個理性的人，因此他確信，沒有自然的地質歷程有可能產生出這麼多的完美圓圈。它們的幾何規則性，表明這當中有心智在發揮作用，那是智慧的產物。

我們無須讓自己陷入這個科學問題的哲學思索，但赫雪爾的觀察和推測，仍然明明白白告訴我們，過去人們多渴望相信有外星人。只要有那麼一點點裂隙，或是地質特徵太過完美，不論多麼細微，或者出現某種未解現象，只要無法立即提出清晰明確的解釋，這時「外星人」就會猛撲過來，準備占領那片未知的領域。即便我們當中最優秀的人，也可能會被矇騙。

科普寫作在科學家的帶領下持續蓬勃發展。法國天文學家卡米耶・弗拉馬里翁（Camille Flammarion）撰寫的《宜居世界的多元性》（*The Plurality of Habitable Worlds*），就是其中之一，這是他在十九世紀後半葉創作一系列著作中的一本。正如主書名所暗示，這本書假設地球以外其他地方存有生命。內容詳述外星人會如何適應所處環境，並假設我們可以根據其他生命形式的棲息地來預測他們的可能模樣。到了這個時期，即便是大眾領域的科學推測，也越來越像一回事。

就連理當報導事實的報紙，當編輯們見識了公眾對外星人的狂熱後，也忍不住火上添油。紐約《太陽報》聲稱轉載愛丁堡一份期刊上的一篇科學觀察報告，結果卻是策畫了一場驚天騙局，刊出一系列連載，鋪陳了在月球上發現長翅膀的人，和類似海狸的智慧生物。

《太陽報》宣稱這是天文學家約翰・赫雪爾（John Herschel）的研究成果，約翰就是前述威廉・赫雪爾的兒子。這場騙局在一八三五年的整個八月不停延燒，為報紙帶來巨大的發行量；一時之間，它成為了世界上閱讀量最大的報紙。全球各地的報紙卑躬屈膝地轉載這些驚人發現，可憐的赫雪爾本人則被大量的信件淹沒，指摘他的「發現」。這或許是一場騙局，但也只有當人們普遍願意相信時，這部偉大的虛構作品才有可能成功。

值得注意的是，即便人們對外星文明熱情如火，人類社會卻沒有因此出現絲毫改變。沒有人想要指出，說不定月球人看到地球上的戰爭和普遍貧困之後，會對我們不屑一顧，甚至漠視。也沒有人想到，唯有超越階級和國家衝突的進步文明，或許才比較適宜作為星際團體的一員。或許，人類的執拗才是從根本上難以破解的難題。

即便到了二十世紀，世人對外星人的熱情絲毫沒有減退。一九〇九年，臭名昭著的火星「運河」觀測者帕西瓦爾．羅威爾（Percival Lowell），在他的著作《火星是生命的居所》（*Mars as the Abode of Life*）寫道：「每一個反對意見都讓我們更加確信，火星上的運河是人造的產物。我們對它們的特性了解越深，就越能夠打消外星球是否宜居的疑慮。」羅威爾深信，垂死的火星文明建造了運河，從極地冰冠將水引到各處城市，那是試圖拯救自己免於乾旱的最後孤注一擲。對羅威爾來說，這並不是科幻小說；不過在H．G．威爾斯（H. G. Wells）等其他作家眼中，他們看出了一段好故事所具備的吸引力。威爾斯將人類對外星人的幽微恐懼，寫進他膾炙人口的小說《世界大戰》（*War of the Worlds*, 1898），故事描述火星人帶著他們的機器入侵地球。外星人用他們的死光武器摧毀了維多利亞時代的英格蘭，最後卻敗在地球的微生物感染之下。這是科學與科幻小說互為依託、彼此強化的不變舞步。它們相互搧風點火，強化了對外星人的狂熱，掌控了公眾的心智。

在這段漫長歷史中我們得出一個教訓，即使我們對外星的真實信號做出反應，將注意力轉向外星智慧生命，也很難從根本上改變人類。或許人類太過自我中心。就算是月球人的好奇打量目光，也無法讓人類變得更加成熟。

到了二十世紀末，人類進入太空時代，這才結束了幾個世紀以來的樂觀、猜測和假設。人類終於能夠派遣機器使者到太空近距離觀察行星。我們可以親眼目睹，在不毛荒涼的金星大地，完全沒有能創造音樂的金星人；所謂的火星「運河」也全無閘門和船道；月球上日光普照的隕石坑洞，看不到一個月球人。外星文明的時代結束了。

然而，在月球人消亡後，人們以往對外星文明的輕信接受確實出現有趣的反轉。現在，人們不得不面對一個事實：我們曾經視為理所當然的文明，剎那間全都在我們的想像中煙消雲散。沒有哀悼，但肯定會失望——誰不想看到阿姆斯壯（Neil Armstrong）和艾德林（Buzz Aldrin）被月球人攔下來搭訕呢？他們回來會講述哪些故事，如何描述他們和月球海關關員及外星嗅聞犬打交道的情景。即便那些完全沒有發生，我們的文明也沒有集體陷入虛無麻痺，沒有因為我們新近發現人類在太陽系中無比孤獨而內省沈默。我們依然像從前一樣繼續度日，好像什麼事情都沒發生。

雖然我們已經確認，至少到目前而言，地球是宇宙中唯一有人居住的星球，但我們對於外太空是否可能存在生命仍然沒有失去興趣。新的發現重新激發我們對外星生命的搜尋和熱情。火星上確實找到一些宜居的環境；繞行木星和土星的衛星上被冰封的地表下隱藏著海洋；環繞其他太陽運行的岩石行星，其中一些可能很像地球。這些助長了我們重新喚起對外星生命的樂觀情緒，只是我們再也回不去相信有月球人的狂熱日子了。但我們可以繼續在自己的太陽系中搜尋外星微生物，在遙遠的行星系中尋找智慧生命。

讓我們重新回到主題：和外星生命接觸——即便只是發現一隻低等的火星蟲子——究竟會有什麼後果。如今的研討會和學術會議深入探究和外星生命接觸的社會和政治影響，都遠比以往那些投機者更專業。就連聯合國也對外星生命感到興趣。如果我們覺得這一切都很新奇，那是因為我們忘了，有好幾個世紀以來，人類曾堅信宇宙中存在著大量可以與我們交流的文明。

我們想像月球人的存在，對我們的社會和思維方式留下的印記很不明顯。當時一窩蜂推出的大量書籍和思維，如今多半只剩下娛樂價值而無可用資訊。或許我們會鬱鬱不樂地回顧這段歷史，思索為什麼我們從未因此提昇自己，替最終有可能到來的會面做好準備。然而，沒有明顯地刺激人類進步或改變我們的行為，反而令我們鬆一口氣，因為這或許暗示，我們並不需要這麼多政治家和社會科學家，來為人類做好迎接外星人的準備。

倘若我們將來真能與外星人直接對話，外星人有可能會發現，自己面對的物種曾經認為有生物在月球上築起過壁壘。我們也很可能對他們不感興趣。也許經過幾個月的媒體熱度、出版了一些優秀的文學作品之後，我們就只是聳聳肩，繼續過自己的日子。假使真有外星人來訪，鑽進我搭乘過的計程車，或許他們會發現，這位司機更關心他們會不會支付車資，遠勝過來自歐米茄象限的銀河聯邦最新消息。

希望他們不會因此失望。

一九三八年，奧森・威爾斯（Orson Welles）將H・G・威爾斯的《世界大戰》改編成廣播劇在電臺播出，引發聽眾對外星人攻擊的恐慌。圖為事後他在記者會上的場景。

Chapter 3

我該擔心火星人入侵嗎？

Should I Be Worried about a Martian Invasion?

從萊斯特（Leicester）火車站搭計程車，前往位於探索大道（Exploration Drive）的英國國家太空中心。

我們駛出車站停車場，說實話，對即將參加的那場會議，我還沒有非常深入思考。當然，我很高興能參與。我正前往一個出色的博物館——英國國家太空中心，討論天文生物學的教育相關事宜。不過最近幾天一直很忙，搭計程車這段路程是我能稍做規畫的空檔，所以我沒有心情特別去聊政治。但有時候政治就是會找上你。我一告訴司機我的目的地，他就開聊了。

「我不是在批評你，老兄，但太空——那是給有錢人去的，對吧？」他問道。「我不打算去那裡，窮人也不會，所以那有什麼意義？」

我試著安撫他：「確實，有錢人肯定有財力上太空，但那不僅僅是為了有錢人。」我說：「太空有很多對我們所有人，包括有錢人和窮人都有用的好東西，好比行動電話和預測天氣會用到的軌道衛星。除了衛星帶來的日常好處之外，我們甚至還可能會發現一些難以置信的未知事物。你不覺得在外太空尋找生命非常令人興奮嗎？」

「就算他們發現了生命，只要他不來這裡，我真的不在乎。」他說。

我很困惑。停頓片刻之後，我問道：「我不懂你的意思。為什麼你不希望外星生命來這裡？」我的司機似乎有些惱怒。他穿著一件藍色外套，頭頂無毛、身材魁梧，在駕駛座上弓著身子，緊緊地握住方向盤。

他回答道：「我是說，生命是你自己創造的。如果外星人跟我們一樣，說不定會來和我們爭鬥，如果是這樣，那我反對他們來；如果不是，那祝他們好運。只要他們不來萊斯特。萊斯特這個地方其實並不糟，對吧？生命要你自己創造，反正最後我們都會埋在花壇底下。我不在乎世界其他地方的事情。有錢人可以去火星，如果那裡有微生物，那也沒關係。我一輩子都會待在這裡，老兄，只要這裡生活過得好就行。火星人不是萊斯特的問題，這裡也沒法容納其他東西，而且照現在的情況，就業機會當然也不夠。」

我們科學家享有思考和實驗的特權，但在像這樣的情況下，當我們面對旁人質疑，把外星生命問題或純粹科學問題套進富人跟窮人的對立時，我們會有點懊惱。我們探究關注的重點，和只求平淡度日的普通人所關心的事情，竟然有如此巨大的鴻溝。

有趣的是，在從前人們相信外星人會來地球的好幾個世紀裡，類似的經濟或政治焦慮，並沒有困擾大家。亞里士多德曾堅定主張，地球很特別，宇宙中不可能有其他類似我們這樣的生物。不過就如我們在上一章所見，有些人則抱持完全相反的看法。很長一段時間，即使在宗教的牢牢禁錮之下，許多人依然相信上帝從不閒著。有句話說「大自然厭惡真空」，全能的上帝應該會讓整個宇宙充滿了智慧生命，充分利用空間。往後的幾個世紀，宇宙充滿生命似乎成了顯而易見的事實，但有趣的是，似乎從來沒有人預測，外星人有可能造訪地球並奪走我們的工作。我納悶為什麼會這樣。也許是因為我們沒有可以前往其他行星的工具。如果你自己都沒有辦法規畫這樣的壯舉，你當然也就無法想像其他人能夠辦到。你會默認我們全都會待在自己的星球，向外凝視生機盎然的宇宙，卻從不去探訪其他星球。關於外星智慧如何抵達地球的可行性和具體細節，完全超出了我們的科學認知，因此也就必然不會擔心是否有外星移民。

我們對外星生物的想法，經常混合著對未知的恐懼、對「他者」的不安全感。當我們終於在十九世紀能夠想像星際旅行的可能性時，那些幻想會發生大災難的人很快就搶占了這種新的可能。H·G·威爾斯的火星機器發動了第一場外星人入侵地球的戰爭；他對毀滅的想像，觸及了人們普遍存在、對陌生人的本能恐懼。考慮到這一點，萊斯特的這位計程車司機還真的讓我相當詫異，怎麼他最擔心的，竟然是外星人的求職意圖，而不是他們有沒有可能摧毀英國。

不論萊斯特人擔心什麼，事實是我們尚未觀測到任何外星人。儘管如此，與熱衷外星人的前人不同的是，我們現在知道外太空可能有許多在某種程度上頗類似地球的世界。過去三十年來，在這個特定領域的前沿科學，取得了快速的進展，研究人員發現了眾多繞行其他恆星的行星。結果發現，這些所謂的「系外行星」彼此差異頗大。大多數與地球完全不同，因此似乎不適合孕育生命；有些尺寸是氣態巨行星木星的十倍；有些緊貼著它們的恆星，每幾天就繞行一次，籠罩在恆星的射線中炙烤；有些岩質星球有點像地球，卻很可能地表覆蓋著深海。當然，還是可能存在類似地球的世界。

倘若那些系外行星的世界有智慧生命的家園，那麼我們還沒有收到他們的消息。外星人沉默之謎令許多人著迷。這種怪異沉默氛圍常被歸入「費米悖論」的範疇——出自物理學家恩里科．費米（Enrico Fermi）。在這浩瀚宇宙裡面孕育了這麼多行星，其中有些肯定比地球更為古老，為什麼我們看不到任何外星智慧生命的證據呢？有些書以完整篇幅專門探討費米悖論；一批批科學家紛紛提出外星人為什麼這麼難以捉摸。或許他們觀察我們卻不願意干涉。或許他們已經在這裡，但我們認不出他們。或許他們就在外面，卻無法跨越分隔雙方遙不可測的距離。另外有種可能是生命很稀有，孕育出能銀河旅行心智的世界更是稀少，因此銀河系的其他範圍可能沒有他們的蹤影。

當我們開車駛過萊斯特郊區，我朝窗外望去，一時之間，我彷彿瞥見童年時想像過的場景：火星機器高聳挺立超過屋宇，《世界大戰》中的死光尋覓掃射受害者。萊斯特是外星入侵的中心點，一批批態度堅決、憤怒的計程車司機，堵在本地英國就業服務處的求職中心入口，讓那些長了觸手的外星生物的惡魔計畫無法能得逞。嗯，有何不可呢？

「我覺得你沒有必要擔心外星人來到萊斯特，」我用一種安慰的口吻說明。「重點在於，如果他們確實已經在地球生活，但一直保持神祕，那麼他們似乎也不會特別對萊斯特感興趣，至少他們似乎仍然打算保持低調。倘若他們在宇宙某處卻很難來到地球，那麼我們可以合理假設，除非碰巧明年是他們抵達地球並定居下來的重大幸運時刻，否則他們短時間內不太可能造成立即的問題。」短暫停頓之後，我補充說道：「倘若他們在宇宙中相當罕見，或許我們更應該關注我們的孤立和與世隔絕。我認為萊斯特的命運，比較可能是孤單地身處宇宙中，而不是外星人入侵。」

當然了，根據另一個更加現實的原因，我的司機完全不必擔心。就算外星人真的來地球，並且表明了身分，他們會對人類的工作感興趣嗎？看起來不太可能。如果他們能夠穿越浩瀚的星際，那麼他們不太可能需要我們太多的東西。他們要賺錢做什麼呢？或許買些食物？他們很可能已經帶了補給品，不論那是什麼。不清楚的是，就算他們餓了，我們的生物圈也未必能為他們提供任何美食。我們多數人吃外國食物都必須適應一番；攝食外星世界的動、植物，有可能不是個明智的飲食決定。如果外星人的生化結構與我們的不同，那麼我們的許多食物，對他們來說可能毫無用處。除了食物，外星人也可能需要幫助來修理他們的飛船或者需要一些能源來驅動載具，但我懷疑他們會排隊求職來滿足這些需求。他們要麼提出要求，要麼直接動手拿。

所以，我敢打賭我的計程車司機不需要太擔心萊斯特的就業市場，當然，除非現在已經有外星人混在我們之中。不過當然並沒有。關於外星人綁架、不明飛行物目擊事件以及其他相關假設外星人來訪的飄渺證據，最大的問題在於這些證據的品質多半非常低劣。軼聞和模糊的影片可以成為暢銷書和電視節目，卻沒有任何可以相信的充分理由。幾十年來的不明飛行物體追蹤，仍然沒有一組資料能夠差強人意地通過科學期刊的同儕評閱審核。無論你有多麼樂觀，這肯定能說明一些事實。不過仍然有人想要讓我們相信，外星人已經來過地球並與我們的社會互動，而且「政府」儘管知道卻隱瞞了這件事。我要非常嚴肅地說，儘管政府能夠幹出許多大事，我們也清楚知道他們會守住許多機密，但持續多年藏匿外星人和他們的飛船，他們是完全無法勝任這種挑戰的。官僚是有其局限的。

我們已經減輕了對外星入侵的一些恐懼，但我們需要擔心比較小的事情嗎？我的計程車司機聽了我告訴他的事情之後點頭表示認同，於是我改變策略，跟他介紹了一些微生物學知識。我感覺他表現出正向的肢體語言，意味著他準備好進行一些關於細菌的對話了。

「我想就算沒有像人一般大小的外星人帶來威脅，我們也能想見，體型更小的生命，像是微生物，也會對我們的社會造成嚴重破壞。」我提出見解。

「這你就說對了，」他插嘴表示。「所有的醫院感染和新的疾病，都是我們的大問題。」他答道。

「你覺得我們應該擔心外星的微生物嗎？」我問道。「我是說，相比外星人，我們更應該擔心外星微生物造成的混亂嗎？」

「我會說肯定是的，」他帶著無比確定的語氣答道，「我也不希望外星細菌出現在這裡，我們需要保護自己免受侵害。我擔心它們和我擔心外星人的程度是一樣的。」

鼠疫耶爾森菌（*Yersinia pestis*）——引發黑死病的細菌——以及最近的冠狀病毒和其他病原體所釀成的破壞提醒我們，人類的技術成就不見得能保護我們免受支配地球超過三十五億年的微生物侵害。如果我們對於與我們共享地球的最小生命型式——從許多方面來看都是我們的演化近親——的信賴程度是如此薄弱，那麼當抵達地球的不是搶計程車飯碗的智慧生命而是微生物，我們可能會遭遇什麼樣的命運？當H．G．威爾斯必須替他的火星人入侵故事設定結局，他求助於微生物。那些地球細菌撂倒了火星人，於是他們高聳入雲的大規模毀滅機器也隨之崩垮。我們能篤定，外星微生物不會對我們人類造成同樣的結局？

讀到這裡，若各位讀者覺得我已經開始恣意想像、不設限地大膽推測，我完全可以理解。不過外星微生物有別於來求職的智慧外星人，因為外星微生物確實引起了太空機構的注意。有識之士擔心，萬一在採集一顆流竄太空的岩石時，不慎讓這些小傢伙隨著岩石樣本來到這裡，到時地球就會受到污染。這個日趨活躍的研究領域有個很吸引人的名稱：「行星保護」。美國航太總署為此設有一名行星保護官，歐洲太空總署也設有一個行星保護工作組（Planetary Protection Working Group）。

行星保護官員的設立初衷，也是他們現在依然努力的目標，就是防止我們污染其他星球。這裡關注的重點不是外星人福祉，而是為了科學上的嚴謹和研究效率。我們可不希望花費了數十億美元登上火星尋找生命時，最後卻找到我們自己從地球帶過去的。當地球微生物搭便車登上了太空船，最後進入你的生命檢測儀——或者散逸到行星表面進入了其他人的儀器——這意味著嚴重浪費時間和金錢。行星保護旨在將這些問題降到最低。如今行星保護是由國際太空研究委員會負責監督。該委員會雖然沒有制定出法律，不過會根據共同協議制定出太空機構可遵循的規範。

避免微生物進入其他星球並非易事。一九七〇年代，美國航太總署為了確保他們的維京號火星著陸器並沒有搭載可能干擾機載生命檢測儀的小生物，他們將太空船以烤火雞的方式，在攝氏一百一十一度下烤了四十個小時。如今的太空船裝載更精密的電子設備，也使得防範污染的挑戰更為艱難，不過足智多謀的科學家可以利用種種不同做法去除蟲害。冷等離子技術或有毒的過氧化氫都可以用來殺死微生物並清潔機器表面，把太空船上的「生物負載」減至最低，從而減輕我們對其他星球的「正向污染」(forward contamination)。

近年來，對於正向污染的關注，還增加了偏向道德的層面。科學家不只盡可能設法提高他們實驗的品質，還努力將對外星生物圈造成為害的可能性降到最低。儘管就我們所知，太陽系中並沒有其他生物圈，不過目前我們仍無法完全排除有生物圈的可能性。因此我們應該審慎行事，採取措施來預防我們將地球的生命形式散播到太陽系中。按照目前普遍的觀點，若有哪個太空機構意外摧毀整個行星的生態系，會是很不得體且難堪的行為。

這位萊斯特計程車司機心中的顧慮——和他對失去工作機會的顧慮十分相像——似乎正是這個

問題的另一面，行星保護界稱之為「反向污染」（backward contamination），亦即外星生命失控抵達我們地球。自阿波羅計畫以來，航太總署就不斷思考這個問題，那時候，航太總署科學家意識到太空人會將一些岩石樣本帶回地球，那裡面可能夾帶微生物。如今，機器人代替人類前往遙遠星球表面，它們的明確目標就是採集樣本並把它們帶回地球。這類研究的關鍵目標之一是要弄清楚這些岩石的內部、表面或附近，是否曾經出現生命跡象，因此若發現微生物或相關證據會非常令人振奮。截至目前，科學家正在研究如何從火星取得樣本，以調查那顆行星是否曾經孕育過生命。未來幾十年內，還會收集更多的小行星和彗星樣本攜回地球。在我們的樣本庫裡，還保存著以往的努力成果，包括從月球車和太空人採集來的月球樣本，以及由各太空機構採回的彗星和小行星碎屑。

就我們所曾採樣過的地點，至今沒有發現我們所熟悉的生命，因此研究人員和太空機構一般都還不擔心地球暴露於任何危險之下。目前主要的擔心還是基於防範未然的原則：儘管我們收集到的樣本帶有生命的機率極低，但我們仍然應該小心，因為將外星微生物引入地球的生物圈，所釀成的後果有可能是場浩劫。難怪太空機構都使用超級乾淨的設施來處理地外樣本，非常小心地封存它們，以確保沒有任何東西洩漏到外界。若有研究人員想要研究這些樣本，就必須在特殊設計的設施中進行作業。

但是真的有危險嗎？你真的應該擔心嗎？或許不必。請記住，自有人類出現以來，就開始與各種引起疾病的細菌和病毒共存，並且延續了很長一段時期。隨著時間推移，這些病原體與人類共同演化，我們的免疫系統不斷努力跟上它們的變化，好將它們擋在體外。你的身體就是一臺精巧的機器，設計來追蹤和摧毀你每天攝入和吸進的無數外來粒子。只有那些特殊的細菌或病毒，才能繞過我們的免疫系統入侵搗亂。普通的感冒病毒每年都有變異，帶給我們咳嗽和病痛，見證了我們的身體與試圖戰勝我們的病毒之間無休止的爭鬥。人體免疫系統壁壘是數百萬年演化的結果——這是一件好事，因為倘若每個登場的病毒或細菌都能輕易在你的身體中找到棲息地，那麼你的壽命就會非常短暫。因為我們的生化系統非常擅長應付這類持續不斷的挑戰，我們很可能也有辦法抵擋從遙遠行星帶回來的任何外星細菌或其他生物體。你的身體會檢測這種外來粒子，也或許能將它摧毀。隨著地外樣本返回的微小外星生命形式引發大流行的機率非常低。萊斯特人應該可以安心入睡。

另一種情況就不是那麼令人安心了。想像一下，在火星冰封的永凍層生活的某種飢餓的微生物，在那種荒蕪極端的環境中得不到食物，只能勉強維持生命。現在想像有一艘太空船採集到了這種微生物，卻在飛返地球時偏離了航道，最後墜毀在北極地區。這種微生物從太空船中釋出，發現自己身處的北極環境，氣候令人欣慰地寒冷，而且有豐富的食物。這些條件比在火星更適合它的生長。這種微生物就會開始增殖，並且有可能將地球上的微生物逐出它們的領地，而在我們的地球生態系中站穩腳跟。這種情景比疾病爆發更有可能發生，因為在這種情況下，入侵者並不需要宿主來收容它——宿主那種有機生物會試圖把它擋在體外或摧毀它。實際上，這種微生物只需要一個可以安身並分裂繁殖的環境。

然而，即便像這樣的末日幻想，也不致讓我們夜不成寐。首先，我們遇到外星微生物的機率本身就非常低。純粹就討論而言，假設我們確實採集了這樣的樣本，且太空船返回地球時恰好墜毀在能讓那些微生物茁壯生長的精確位置，並且在釋出微生物的過程中也沒被摧毀，這樣的情況極不可能同時發生。儘管如此，回到我們的預防原則，即便很不可能發生，我們仍然有責任要盡力將這種發生機率降到最低。沒有人希望需要向我的司機解釋，為什麼地球的生態系統被一次粗心大意的太空任務給摧毀了，光是這個理由就足以讓我們必須假定來自太空的樣本都很危險，直到我們適當和徹底地檢查過它們為止。

計程車抵達我的目的地，但我無法確定我的任務是否已經完成，我得弄清楚是否已經緩和了司機的憂心。我問道：「現在你對火星人有什麼看法呢？」

他粗聲粗氣地回答：「萊斯特仍然不歡迎他們，不過反正他們看來也不會來這裡。」

萊斯特的計程車司機並不會受到火星人入侵的威脅，你也不會。但我們的太陽系是否還孕育了其他生命，還有環繞其他恆星的遙遠世界是否有外星人居住，這仍然是個引人入勝的問題。這些生物果真存在的話，可能永遠不會影響到地球人們忙碌的日常生活。但他們是否存在，是我們全都得仔細思考的問題。當我們一邊繼續尋找他們，同時不需要擔心他們會奪走我們的工作，我們就應該敞開心胸並秉持適度的審慎態度，畢竟這是探索未知領域應該有的態度。

環保和太空探索是兩個截然不同的挑戰嗎，還是有密不可分的關聯？圖為美國太空人特蕾希·戴森（Tracy Caldwell Dyson）從國際太空站上凝望地球。

Chapter 4

在探索太空之前，是不是應該先解決地球上的問題？

Should We Solve Problems on Earth before Exploring Space?

搭了趟計程車到帕丁頓車站（Paddington station），前往希斯羅機場（Heathrow Airport）搭機飛往美國。

車子穿過倫敦擁擠的街道，我透過車窗朝外看著熙熙攘攘的人潮。他們在車陣中間穿梭，眼神專注，心中打量汽車、腳踏車和摩托車的巨大前進車流的暫停時間，是否足夠讓他們衝刺穿越馬路。他們如此專注，只為了走到馬路對面如此簡短的任務。

計程車司機彷彿看穿我的心思。「外面真是亂糟糟。」他聽到購物袋撞擊車頭保險桿的聲音時嘟囔著表示。

「是啊。每個人都被困在自己的世界裡，」我回答道。「太多問題需要解決，時間卻很有限。」

「你到這裡有何貴幹啊？」他操著濃重的印度口音詢問。我的司機很年輕、機靈，或許是個新手。他身上穿著時尚的正式鈕扣襯衫，手臂垂掛在車窗外。

我跟他解釋我要去機場。我和其他幾個人一同獲邀參加美國航太總署的研討會，議題是在太陽系外的寒冷衛星上尋找生命。我們會討論目前已掌握地球上冰寒荒漠中生命的知識，以及航太總署在搜尋其他極度寒冷地方的生命時會面臨哪些重大挑戰。倘若生命困陷冰凍的深海，我們該如何檢測它？如果我們能夠檢測到它，又要如何採集這些堅如磐石的冰樣本，並穿越太空將它們帶回家？

「哇，這些事情真的太有趣了，」我的司機插話說道。「有時你會在電視上看到，你知道的，太空探索和所有那些事情。你免不了會被它吸引。但地球上有太多問題，我們必須先解決這些問題。」

我再次望向窗外。這些匆匆忙忙、壓力重重的行人的心思，和木星的衛星相隔多遠呢？肯定是天差地別。就在這時，一輛車插進前方，我的司機按了喇叭。

「你說得對，」我說道。「毫無疑問地球這裡確實有很多問題。不過這是否就意味著我們不應該夢想太空，甚至去探訪其他地方呢？或許我們可以找到一些解決地球上難題的答案。」我這樣提議。

我的司機毫不遲疑：「這我完全同意，」他答道。「我完全同意你的看法。我們不能一直只想著交通，而太空能讓我們的思緒跳脫，帶我們跳脫日常的煩惱，對吧？或許它也能解決我們的一些問題？也許我們在地球上的困境，可以透過探索太空來解決。」

他的問題十分中肯。許多人會傾向我的司機最初的思路，也就是我們應該先解決地球上的問題，然後再探索太空。有些人甚至認為，處理地球上的問題（好比環境破壞）和太空探索任務是兩種對立的使命，顧到一個會削弱另一個。但進一步深入思考後，我的司機看到了我認為的問題關鍵：進入太空和照顧地球是相輔相成的。

人們說得沒錯，我們是應該關切我們的地球家園——而且要強烈關切。每天都有明顯的實例證明，超過七十億的人口和大量消費如何壓迫地球。地球直徑只有大約一萬三千公里，而我們全都擠在這個小小的岩石星球的表面。從地質角度來看，我們只花了很短的時間，累積了一堆堆難以清除的塑膠廢料，掠奪資源讓這個脆弱的棲息地無以為繼。

就連我們呼吸的大氣，也是稀薄、易變又很有限的事物。很難想像它有多麼容易被改變。整個地球大氣層厚度只有薄薄的十公里。如果你能夠以每小時四十公里的速度駕車朝天上開，大約十五分鐘你就會脫離最主要的空氣層。那段時間還不夠你駕車穿過愛丁堡或曼哈頓。我們的大氣層就像一層薄紗，輕輕裹覆在地球表面。一旦你意識到它的脆弱，就會比較容易想像，對它排放氣體將如何改變其組成。二氧化碳含量升高不一定只靠人類工業的重大投入。幾百年的污染就足夠了。

因此也就完全不奇怪，許多人滿心質疑為什麼要投注資源嘗試上太空、研究太空，甚至還要在火星或月球上建立定居點。在氣候危機的時代，我們真能夠自圓其說解釋，為什麼要花錢探索太空嗎？

儘管完全可以理解這種想法，但它忽略了一個關鍵要點：藉由探索太空，我們可以學到很多跟地球相關的知識。事實上，我們對鄰近的行星、特別是金星的研究成果，已對氣候變遷這門科學大有助益。金星是一顆被雲層籠罩、宛如地獄般的世界，神祕且難以捉摸。人們曾經想像金星的表面滿布沼澤，還有各種已經適應高溫的生物，棲居在這處遠比地球更接近太陽的地方。但隨著科學探測逐漸明朗，我們得知金星的地表炎熱到無法支持生命：在超過攝氏四百五十度的高溫炙烤下，任何生物都無法生存。然而，金星就算這麼貼近太陽，也不至於達到如此高的溫度。是什麼導致如此極端的灼熱？大約到六十年我們才找到答案：解答就藏在金星的大氣之中。金星的大氣中飽含高濃度的二氧化碳，它捕捉來自太陽的熱量，卻無法輻射發散向太空，從而使行星表面的溫度升高到無法存在液態水的程度。金星是個溫室世界，提供天文學家、生物學家、氣候學家和人類整體一堂免費課程，教導我們若是在行星大氣中排放大量二氧化碳時會發生什麼事情。

地球上工業製造出的二氧化碳雖然永遠不會產出像金星上如此大量的氣體，但導致我們這顆星球被這種溫室氣體加熱的機制，卻完全相同。正是藉由觀察我們的姊妹行星，我們才第一次見識到溫室效應如何形塑整個世界的環境條件，讓它們的溫度提昇到遠超過它們受陽光照射所能達到的自然溫度。

有個教訓我們必須謹記在心，那就是地球並不是孤懸在原初穹頂下的小小球體。我們存在於一個更大的環境中，也就是浩瀚無垠的太陽系。在這座宏偉的劇院裡面，我們的歷史確定了，我們的未來也被注定。透過探索這片浩瀚範圍，我們在培養拯救自己於未來可能需要的知識。

太空探索不僅教會我們如何不破壞我們的地球，它還能幫助我們保護自己免受來自太空的危害。這是我們在那趟計程車上對話後面接著討論的話題：小行星和它們可能對我們造成的危險。

每隔一段時間，我們的地球就會受到太陽系形成時期產生的殘留物轟炸。岩石碎片像蜂群嗡嗡地繞著地球飛。其中一些岩石，所謂的近地小行星，有可能在地球繞日的無盡旅程中與我們交會；如果這些岩石夠大，它們就可能給我們的家園帶來災難。這不僅只是理論上的顧慮。六千六百萬年前撞擊地球並終結恐龍漫長統治的小行星，不過就是其中一個明顯的例子。即便是小得多的小行星，也會留下它們的印記。在亞利桑那州弗拉格斯塔夫（Flagstaff）郊外沙漠中，你會發現地面上有個巨大的凹穴，就像巨人用冰淇淋勺在沙子中雕琢了個深一公里的碗。這是大約五萬年前一小塊隕石碎片撞擊地球釀成的後果。爆炸波會把周遭數百公里範圍內的生命全部消滅，擊倒林木，並讓一切灰飛煙滅。

地球上到處都有這樣的地方，雖然它們有可能不太引人注目。南非灌木草原上就有一處這樣的地方，如今那裡被一座鹹水湖填滿，湖邊坡面表層長滿翠綠灌木。在旁觀者眼中，這裡是我們地球表面無數美景之一，然而它也記錄了一起來自外星的破壞。這些撞擊事件似乎帶有一點外星風格，它們留下的撞擊坑，是遠古時代的傷疤。但小行星跟我們還沒完沒了。規模能與撞出灌木草原坑洞和弗拉格斯塔夫隕石坑相提並論的事件，大約每隔幾千年就會發生一次。若是當初墜落在亞利桑那州和南非的隕石在今天撞擊一座城市，數百萬人會立刻死亡。

你可以對這類事件視而不見，但那樣做太愚蠢了。這種威脅如今就像恐龍眼中看到的閃光那般清楚，我們應該能夠看出我們跟宇宙密不可分的關聯並採取行動。為了預測小行星對我們的撞擊頻率以及對人類族群的威脅，我們必須測繪那些太空岩石的位置。而要做到這一點，我們需要望遠鏡。我們可以在地面搜尋，不過太空望遠鏡能做得更好。它們靜靜地運作，像哨兵一樣掃視太空，免去大氣的扭曲影響，不像它們的地面望遠鏡表親會受限失真。除了要探知太空岩石的軌跡和速度之外，了解它們的成分也很重要，這樣我們就能知道它們可能造成的損害有多嚴重：它們會在飛越大氣層時瓦解嗎，還是會完整地著陸？為了回答這些問題，我們可以派遣太空船去太空檢測這些岩石，或者從它們的表面採集樣本帶回地球研究。

如果我們希望我們的文明避開一場天文學規模的壯觀終結，那麼前面所說的也正表明了太空探索的必要性。我們必須研究游蕩的流浪星體，這就需要一套太空計畫。當我們發現自己與一顆危險的小行星將有可能發生碰撞，我們就要有相當多巧妙的工程規劃來避免那種後果。這就是航太總署「雙小行星改道測試」(Double Asteroid Redirection Test, DART）任務的目的。這項任務在二〇二一年發射一枚重五百公斤的雙小行星改道測試太空船，計畫與「雙衛一」(Dimorphos）碰撞。雙衛一是一顆小型小行星，環繞一顆較大型太空岩石「雙生星」(Didymos）運行。任務目標預期這次碰撞能改變雙衛一繞行母星岩石的軌道，這種微小的擾動可以從地球上觀測得知，驗證撞擊小行星偏離軌道的技術原理。我們不應低估這趟任務。這是地球演化超過三十五億年之後，人類第一次測試一種拯救自己、免於滅絕這樣目標明確的技術。數十億恐龍跨越歷史長河，穿透悠遠朦朧歲月，力促我們往前邁進。

在我拿這當中一些相當可怕的事實與我的司機討論過後，他看起來很著迷，也很緊張不安。或許在他當天早上出門時，心中並沒有想到小行星撞地球的問題。但他似乎相信了這些。然後，他談起我覺得所有人都會感到很富挑戰性的一點，就是關於如何優先分配人類有限資源的問題。

「那些我都懂，不過你也知道，在倫敦四處載客的時候，你擔心的絕對不會是小行星，對吧？」沒錯，當大白天其他人都在正經工作時，我居然有膽子把時間花在思考這些事情上。他說得對，當然了，我們不應該把一生全都花在設想太空的事情。我們還有其他任務要完成，好比購物、打掃房子，當然還有履行我們的職責。但我認為我們應該找時間思考我們的宇宙，這樣做能幫助我們從更廣闊的視野看待自己。這是表達觀點的一種抽象方式，也很合適，因為我們與宇宙其他部份的關係，應該就是奇蹟的泉源。這種關係也對我們的未來帶來無比真切的影響。

我希望我的司機能夠理解我們地球和我們所在的宇宙之間密不可分的關聯，所以我舉出環保主義者在一九七〇年代創造的一個詞彙「地球號太空船」(Spaceship Earth)。這個詞彙蘊含了一項簡單的事實：地球是一艘巨大的太空船，以每秒三十公里的速度環繞太陽飛行，而太陽本身則以每秒兩百公里的速度繞行銀河系，而銀河系內所有恆星和它們的世界都環繞銀河系中心一個超大質量黑洞翩翩起舞。我們所建造的太空船和我們生活在上面的地球太空船，之間有個很大的區別：地球對太陽永不休止的旅程看起來似乎毫無意義，而我們建造的太空飛行器則是為了完成特定任務。即便是這樣，我們所在的這顆星球依然是一艘太空船。我們在這裡被包圍在一個我們稱為生物圈的龐大生命支持體系。這遠比在國際太空站上哐噹作響向乘客颼颼提供氧氣、並清除他們所呼出二氧化碳廢氣的機器還更複雜得多。這完全合理。建造太空站需要幾年的時間，而地球的生物圈是好幾億年演化的產物。

從這個意義上說，環保人士其實就是太空工程師，他們研究和調校行星生命支援系統，並敦促我們所有人好好照顧它。設計國際太空站的人則是小型環保人士，他們試圖改進和適應可供幾名太空人使用的較微型生命支援系統。環保人士和太空探索者是同樣一群人，他們都試圖確保人類能夠在宇宙中永續生存，只是在不同的尺度上工作。

看來似乎有點牽強，不過這觀點非常重要。我們經常看到環保人士批評太空探索浪費時間和金錢，只在夢想征服太空或在火星上建造家園，不顧我們地球上就有許多迫切問題急需解決。我也遇到過一些相當蔑視環保人士的太空探索者。他們傾向認為，環保人士有一些重要的議題，但太過於目光狹隘了，他們癡迷於地球母星的傷痕，卻無視我們還可以探索無盡的太空。若我們能夠明白我們其實都在追求同一個目標——在這處我們稱之為太空的無邊際環境中成功生存——那麼環保主義和太空探索，也就能天衣無縫地融入人類未來的同一願景當中。

務實來看，當我們想讓人類未來能永遠存續時，我們應該考慮太空能提供什麼。當我的司機從埃奇威爾路轉往帕丁頓駛去，我想到一個我喜歡的比喻可闡明這點。想像有一天你外出購物，不幸意外困在一家夏季不營業的商店裡。你找不到明顯的逃生方式，只能孤立無援地待在店裡。當食物和其他資源開始耗盡，迫使你只能善用剩餘物資到極致。但是你為什麼要繼續呆在商店裡，翻找碎屑和殘渣呢？畢竟，朝後門用力踹上一腳，就可以讓你脫困來到熱鬧的街區。

同樣道理，地球是有限的。並不是說我們不應該試圖提高效率，把浪費降至最低，減緩我們利用生物圈所施加的壓力。但是把整個人類的未來寄託在這一顆行星上，永遠依賴它來滿足我們所有的能源和物資需求，這是對宇宙擁有的無盡寶藏視而不見。地球有可能只剩下幾百年容易開採的鐵礦，然而在火星和木星之間，那片形狀像甜甜圈、滿布岩石的小行星帶裡面，卻有足夠的鐵可以供應我們數百萬年，更不用說還有鉑和其他元素可以供應高科技產業。開採製造手機和電腦所需材料，對地球來說耗費極其高昂，也往往讓從業勞工、他們的家庭和社區付出沈重的代價。如果能夠從其他地方獲得這些必要材料，不是很美好嗎？

當然，就像地球上的原料一樣，地球外的資源也不是那麼容易提取的。這是太空探索者和環保主義者對太陽能、回收利用以及採礦技術同樣感到興趣的原因之一。關心地球的人和希望冒險進入太空的人，在這個交會處相逢，雙方都致力尋找愈益巧妙的方式來獲取、使用和再利用他們所擁有的資源。在這裡，有巨大的潛力讓聰明的頭腦聚在一起，解決共同的問題。無論他們的目光投向地球或是太空，關注有效利用資源的工程師們，都將會開發出種種辦法，讓我們不論在哪裡建立家園，都能茁壯發展。

這種未來的經濟格局確實還存在未知數。開採小行星的金屬礦藏划算嗎？能不能讓公、私營機構願意投入時間和精神去進行？這問題沒有明確答案，不過考慮到我們已經看到越來越多的私營公司發射太空器，看來在往後幾十年間，太空企業會越來越有可能轉為有利可圖。不過我們現在還不需要太過深入關注這些細節。我們應該考慮更廣闊的視野，體認我們不必永遠消耗地球這顆細小的岩石星球，期望它能繼續滿足七十億或更多人口的眾多需求。宇宙在召喚我們向外探索。

這個願景也有其陰暗面。我們可以想像，採集太陽系蘊藏的豐沛金屬並帶回地球，結果只為了推動大規模消費並加速環境破壞，這可不是明智的結果。實際上我們有必要做一些規劃。我們可以把一部分產業轉移到太空，遠離地球狹窄又容易積聚污染的環境。如果我們從小行星帶採集金屬，為什麼不直接在那裡加工呢？如果能朝這個方向發展，地球將成為宇宙中的綠洲，是大家心目中最適合人類居住的地方，那裡的公園、湖泊、海洋和空氣，全都受到保護，免受工業中最惡劣的破壞。我們可以把有毒氣體留在能容納污染的宇宙真空中。

當我說完我的論點，司機熱情地點頭贊同。「我想太空探索者也能從地球學到關於其他行星的重要知識，對吧？」他問道。我們正要駛進帕丁頓車站，我要在那裡搭火車去希斯羅機場。但我得先回答他的問題，從很多方面看也算是形成一個完整的圓。了解太空有助於改善我們地球上的生活，但我們在地球上所做的事情，也有助我們在太空其他地方落腳。在探索太空和照顧地球的這個聯合事業中，我們所學到的事情很多都是互惠互利的。它們並不是兩個分開的目標。

今天，科學家們研究地球上眾多不同環境，為太空探索預做準備。這些所謂的類比環境讓我們深入認識其他世界的自然狀態，判斷可不可能在那裡找到生命。在南極洲的凍土荒原，科學家研究生命如何應付極端寒冷和乾旱，這有可能解答有關火星上是否可能存有生命的某些資訊。從黑暗深處週期性湧出的水，形塑了南極和北極一些最極端環境的地貌，這能告訴我們火星古老地質相關資訊。那個世界曾經有冰川在遠方陽光照耀下消融，一度滿布湖泊。探索生命存在的極限，正是激發我自己跟許多同事科學興趣的動力。

是的，這些極限在哪裡？我們前往大多數人不會去度假的地方——地球上極端寒冷、酷熱、乾燥、看似死寂的所在，更深入尋找答案。然而，就連在這些地方，我們的生物圈依然頑強存續，讓我們瞥見在宇宙其他地方有可能找到生命的極端環境。這種研究會讓你的思緒進入一個奇特的狀態。我不否認茂密的森林看起來很繁茂；然而，在北極，我會溫柔呵護細小的綠色生機或生命團塊，避免岩石錘對它猛敲。我以不同的心境面對這種瀕死、脆弱平衡的生命。

從智利遍地乾旱的阿他加馬沙漠（Atacama Desert）到西班牙一條水質腐蝕性強如電池酸液的廷托河（Rio Tinto），科學家們研究了無數環境以探究外星地貌的潛在運作方式，並且反思以求更深入認識地球。地球的極端環境並沒有偏離宇宙常態，這些條件當中有些與我們在其他行星和衛星上找到的條件重疊。從這些共通領域，我們得知了世界的歷史，以及人類活動如何影響地球做為生命避風港的宜居性。

儘管我的司機直覺地掌握了地球和太空之間的連帶關係，但環保主義者和太空探索者之間的分歧，其實也很容易理解。太空探索起源於冷戰，這是爭奪戰略和意識形態霸權的爭鬥，而太空是這當中的頂級制高點。從這場對抗中催生出的項目，充滿了競爭的精神——率先登上太空的第一人，第一支上太空的團隊，率先登陸月球的第一人等等。美國和蘇聯爭相上太空的鬥爭，和環境幾乎沒有絲毫關聯。相較而言，在地球上關注農藥造成哪些影響，以及從更廣泛範圍看人類如何衝擊環境的體認逐漸增長，這就促成了一場看似與超級強權衝突南轅北轍的全球覺醒。事實上，目前在太空中進行的競爭，被認為與現代環保運動中愛好和平的呼聲互相抵觸。

我們不能說環保主義和太空探索向來都是對立的兩極。許多關注地球的組織也都熱情看待太空探索，視之為下一個偉大的前沿科學；而太空人則讚嘆在太空中的體驗，能夠看到地球的脆弱和渺小。然而整體而言，這兩類活動一直處於分離狀態，因此引發敵意並激發某種信念，認為我們應該先解決家裡的問題，再去探索太空。

不過我們可以從另一個角度來看待人類的未來。我們不必把自己擺在要嘛關心地球、要嘛探索太空的三叉路口，這樣的二元觀點認為兩邊的活動彼此互斥，只能在兩者之間做出零和選擇。就實際而言，兩邊在科學和技術上都對彼此大有好處。探索太空所學到的知識，可以幫助我們認識地球。而且許多太空任務項目，比如測繪小行星和資源利用，都能帶來直接、實際的好處，有助於我們保護地球和這裡的所有生命。

我們就在地球號太空船上，環繞太陽運行。我們不應該將宇宙視為遠在天邊讓我們從世俗問題分心的議題，而應全心全意擁抱我們在整個宇宙中的位置。當我們把地球看成與構成太陽系以及跟系內其他行星居民密不可分的命運共同體時，我們就能更好地照顧我們的故鄉行星，並了解如何利用太空來提升我們的成功機會並滿足我們的需求。我們不能再浪費時間，必須盡速處理人類和整個生物圈所面臨的關鍵環境挑戰，與此同時，我們也應該動員我們的太空探索能力來改善我們的未來。若考慮環境危機的緊迫就覺得好像要先擱置太空探索，這將會是我們負擔不起的浪費。事實上，探索的承諾並未因為家園的需求而減弱，反而更加強烈了。環保和太空探索是孿生兄弟，藉由它們，我們有機會實現另一種未來，讓地球成為受太空文明呵護的庇護所。

我付了車資，向司機道謝，然後消失在蜂擁去搭火車的人群中。對他們而言，腦中最不可能想到的大概就是小行星或火星。然而在我看來，像我剛才和司機那樣的談話——關於地球和太空，以環保主義為推力，還有從探索中所能取得的成就——正慢慢地、但明確地一點一點變得普遍。隨著我們更進一步接觸星辰，或許就如同有關地球未來岌岌可危的體認，太空殖民同樣也會一點一滴注入公眾意識。或許計程車司機很快就會發現，聊環保主義、太空殖民和小行星都是工作中的一部分。

太空旅行正逐漸對一般大眾開放。圖示正與國際太空站對接的天龍號（Dragon），是太空探索技術公司（SpaceX）開發的太空艙，能搭載民間太空人。

Chapter 5

我會去火星旅行嗎？

Will I Go on a Trip to Mars?

從愛丁堡大學搭計程車到威瓦利車站（Waverley station）趕火車前往倫敦。

「要去火車站嗎？」我的司機問道。「打算去哪兒玩啊？」我想她大概四十多歲，戴一副紅色眼鏡，梳了薑黃色蓬鬆髮型。她喜歡輕敲方向盤，不時重新調整眼鏡的位置。

「我要到迪德科特（Didcot）的拉塞福－阿普頓實驗室（Rutherford Appleton Laboratory），去討論我們打算送上太空的一項實驗。」我解釋道。

「太空？你說太空嗎？」她好奇地盯著後視鏡瞧。

「是的，目前只是個想法，但我們正在思考如何在未來幾年把它送上太空站，」我繼續說道。

然後她提出了一個我經常聽到的問題：「那麼你自己會去嗎？」許多人似乎都認為真有可能得到肯定的答案。我也希望有。

「很遺憾，我不能去。我還不夠資格成為太空人，」我告訴她。「或許等到商業火箭公司能提供夠便宜的機票時，像我這樣的人上太空就有可能成為日常活動，但現在還不行。若是換成妳，妳會想去嗎？」我問道。

她凝望後視鏡（現在鏡子幾乎被她睜大的雙眼填滿）盯著後座。她調整眼鏡，然後又一次輕敲方向盤。

「我會去的，」她毫不猶豫地說。「算我一份。我的另一半可能不會很開心。孩子們都離開了，他們也不會在乎。但是，你能想像嗎，這樣的機會！我會去的。不是一輩子都要待在那裡，我想回來，但我會去。」

我想知道是什麼讓她這麼渴望。「冒險！」她大聲說道。「就算我不是第一人。你能想像嗎？我喜歡我的工作，別誤會，但愛丁堡……唉，每天做同樣的事情會讓你感到沮喪。太空就不同了。有機會的話我會去的。」她說道。

她並不是我遇到過第一個迫不及待想抓住機會去太空旅行的人。事實上，我一直對這點感到驚訝，甚至覺得好笑。許多你從來沒想到他們會熱切期盼被拋到太空的人，實際上都希望成行。旅館老闆、銀行家、店員、囚犯——幾乎各行各業都有渴望去太空旅行的人。

一九九二年，在即將完成博士學位的那段期間，我有過一次非常深刻的親身經歷。我當時坐在牛津的一家酒吧，熱情洋溢地對我的同學們表達我對火星的興趣。那剛好是我們國家大選前兩個月（編按：此指一九九二年四月舉行的英國下議院大選），我的酒友們建議我可以把提倡火星旅行當作政見去參選，他們願意加入我的影子政府。而我也這麼做了。第二天，我們開車去亨丁頓（Huntingdon）選區——當時的首相約翰・梅傑（John Major）是該選區的議員。我們收集了必要的十個簽名，交了押金，「前進火星黨」（Forward to Mars party）就此誕生。我們在我的奧斯汀Mini小車上安裝了揚聲器，把它改造裝成一輛競選巴士，然後沿街開車向民眾拉票。當然，你需要一個引人注目的口號。「改變的時候到了，改變星球」這句口號讓街頭行人都綻放微笑，所以我們堅定地使用下去。然後，我們著手制定我們相當嚴肅的競選宣言，建議英國設定目標建造火星站，並加強在火星探索方面的參與程度。在那場瘋狂的競選活動中，每個星期六下午我都在亨丁頓街頭即興演講，然後隨興前往任何地方，從廣播電臺到醫院再到教堂，傳揚這個好消息。

接著選舉之夜到來。我戰戰兢兢地站在「嚎叫的上帝薩奇」（Screaming Lord Sutch）和「桶頭勳爵」（Lord Buckethead）這些經常參選的搞笑政治候選人旁邊——喔，對了，還有現任議員——我收到了人民裁決：九十一票。我們排倒數第二名，擊敗了自然法則黨（Natural Law Party），卻只因短缺了幾萬票，喪失了議會席次。事實上，我覺得九十一票相當驚人，因為我在亨丁頓一個人都不認識。我仍然不知道是誰支持我。但在那兩個月裡，我深入了解了一般大眾對太空探索的想法。公眾的熱情高漲超越了觀看電視特別節目。確實，你能在全國性選舉這麼嚴肅的場合露臉，還能說服九十一個你不認識的人投票支持你加入火星隊伍，這說明了太空旅行願景帶來什麼樣的激情。因此，在一位計程車司機身上遇到同樣的興奮，我並沒有太多驚訝，不過我仍持續關注對太空旅行的廣泛興趣——不僅僅只是機器人和噴射飛行員的計畫項目，也包括我們其他人的項目。

「我要等多久？」她問我，想知道機會什麼時候出現。

像我這個年紀的人應該都還記得早期太空探索那段激動人心的日子。我記得大約八歲時讀過一本關於航太總署阿波羅計畫的書，那時候是一九七〇年代中期，離登陸月球還不算很久遠，阿姆斯壯的話仍在許多人的耳邊迴響。這項壯舉最終能將我們帶往何方，引發了大眾的熊熊熱情。那本書的尾聲細數了阿姆斯壯和艾德林的登月壯舉，其中兩頁特別介紹了八〇年代的璀璨前景。書中附了一些插圖，描繪出火星基地和即將搭載你航向外太陽系的太空船。這些可能性似乎還很遙遠，卻又近得能讓你實際感受。想知道真正令人沮喪的事情嗎？八歲時，我還真以為我會在一九八〇年代去火星旅行。

那個時代的未來學家預見太空旅行將成為常態，而不僅僅只是少數幸運具備「合適條件」成為太空人的人。普林斯頓物理學家傑拉德・歐尼爾（Gerard O'Neill）在他一九七六年的《高空疆界：人類的太空殖民地》（*The High Frontier: Human Colonies in Space*）書中，滿滿詳列了太空居住地的奇幻設計。在那當中有一艘巨大的環形太空船，周圍安裝了用來捕捉陽光的炫目鏡面，並能緩慢旋轉以模擬地球的重力。太空船內有上萬名太空殖民者種植作物、照顧房舍，修建道路。歐尼爾的圖像讓我們見識了一幅奇異的景象，兩座城鎮分別位於龐大圓柱狀空間對立的兩端，於是就一方看來，他們的同胞就好像倒懸在天空上方。

但幾十年過去了，人們大失所望。我們只不過在地球上空建造一座又一座的太空站，繞著地球不斷轉圈子，卻哪裡都去不了。先是有天空實驗室（Skylab）和禮炮計畫（Salyut），然後是和平號太空站，現在則是國際太空站。然而，我們和火星似乎仍然相隔遙遠，就連月球殖民地也沒有任何進展。雖說感到失望很合理，但也請記得，自阿波羅號太空人登月以來這幾十年間，我們已經學到了很多，這段時間並非毫無進步。首先，我們已經了解待在太空對我們有何影響，這些知識對於未來一般大眾登上太空至關重要。

太空會對人體造成損傷，而且在太空停留的時間愈久，損傷就愈加嚴重，這是由於肌肉在低重力環境中會退化。在月球上度過幾天採集一下岩石、打打高爾夫球，比起在軌道上待幾個星期可謂九牛一毛。讓體能不如太空人的遊客暴露在這樣的環境中，就目前來講是無法想像的。就連身體狀況極佳的太空人，也必須保持嚴格的運動計畫，才能讓他們在太空中維持體態。他們把自己綁在跑步機上練跑，每天拉重物幾個小時，才能防範肌肉萎縮和骨質流失。這是太空生活的另一項健康挑戰：如果沒有外力作用（例如重力施加的力量），骨頭就會漸漸萎縮、疏鬆。

在那裡還會出現一些令人不快的事情。事實證明，若沒有重力把你的體液往下拉，體液往往就會聚集在上半身，讓你的臉腫脹起來。接著會持續感到方向迷失，沒有上下之別。那裡的電腦呢？有可能在地板上，但也可能在天花板，你只能依賴對面牆上看到的東西來判別——但你的大腦習慣告訴你天花板或地板應該是什麼情況。這種感官錯亂讓你感到暈眩。你的平衡感混亂，讓你很不舒服。

總而言之，你需要一些訓練才能在太空中停留。在太空人親身嘗試之前，我們只知道身處太空並不容易。不過現在，由於太空探索人員在軌道太空站上待了比較長時間，我們對此有了更細密的認識。對於我們這些滯留在地球，等著買票登上火星的人來說，太空站看來可能會很平凡，儘管如此，它們卻是大量知識的生產者。許多優秀的科學研究都在太空站上完成，從抗生素到火勢延燒的研究等。此外，除了實驗室的實驗，太空人本身也是實驗平臺，讓我們能夠安靜地取得重大進展。最終，當遊客第一次能夠成真踏上月球時，都得歸功於我們在太空站上所學到的知識。

但是我的司機的問題依然揮之不去：照我們推想，還要等多久，普通人才能前往火星？她似乎急於知道。「為什麼我不能現在就去？」她質問。她又一次睜大雙眼盯著後視鏡。

「我想，延遲的很大原因是缺乏政治動機，」我解釋道。「像阿波羅登月那樣的太空計畫都是由政府推動的，美國和蘇聯基本上都將太空視為展現他們實力的舞臺。登月是美國針對蘇聯在地球軌道上日漸增長的自信做出的回應。蘇聯當時已經完成將第一隻狗、第一個男人、第一個女人和第一批組員送上太空；把人類送上月球將是下一個顯著目標。倘若美國人能夠率先做到，這樣一來，即便蘇聯之前的所有成就無法被抹殺，卻也只能排在人類完成登陸月球這個古老夢想後面了。」

我繼續向司機解釋，在這種競爭激烈的氛圍下，普通百姓除了熱心觀看、加油歡呼之外，也別無可行之事。獲選坐進太空艙的人，必須具備邏輯能力、無畏、有創意、情緒穩定、身心能力俱佳、能在極大壓力下保持冷靜，並且滿心專注於成功完成任務。這不是個普通任務，政治家和政府行政人員也從未想過把太空任務演變成旅遊產業。

當美國人在月球插上他們的國旗，把太空視作僅限專業人員場域的觀點已經牢不可破。美國太空梭是世界上第一種可重複使用的太空船，儘管頻繁來來去去，卻從未載運過任何觀光客。（蘇聯也有他們自己的太空梭，叫做「暴風雪號」（Buran），但只飛行了一次。）確實有好幾位「普通人」參加過太空梭任務，好比教師克莉絲塔・麥考利芙（Christa McAuliffe），她是不幸在挑戰者號太空梭事故中喪生的太空人之一。不過她是從超過一萬名申請者中遴選出來擔任那個角色，還接受過嚴格培訓。國際太空站是一九八〇年代啟動的全球合作產物，於一九九八年發射升空並由政府支持的太空人負責操作。這種情況仍然延續至今。

但還是有令人振奮的消息。「這一切在二〇〇一年真正發生改變，」我解釋道，「那是對我們普通人而言，展現第一道曙光的時候。」我想到的是丹尼斯・蒂托（Dennis Tito）完成的八天太空之旅。蒂托是一位從太空科學家轉行的投資銀行家，他在紐約大學獲得太空航空學學位，之後在加州的航太總署噴射推進實驗室工作。最終他將自己的數學知識應用在分析市場風險，賺進了十億美元的個人財富。憑藉這樣的財力，他與一家名為米爾企業（MirCorps）的私人公司達成合作。這家公司企圖將太空納進營業事項，實際做法就是送遊客上俄羅斯太空站。很顯然美國航太總署並沒有特別青睞蒂托的計畫。航太總署當時的行政主管丹・戈爾丁（Dan Goldin）認為，太空旅行並不適合觀光客。但在二〇〇一年四月，借助另一家太空探險公司（Space Adventures）的幫助，蒂托終於成功飛上太空。

蒂托的任務並沒有開啟太空旅遊的大門。他的太空之旅耗費兩千萬美元，可以說，太空旅遊的時機還未成熟。而且，考慮到蒂托還有航空工程方面的背景，他在太空船上的資格也並不算格格不入。儘管如此，這仍然是一個轉折點。太空旅行的心理已經改變了。蒂托的旅行並沒有貶損太空人的專業，航太總署的菁英團隊依然還是菁英。但一個六十歲老人可以環繞地球旅行一個多禮拜，如此一來，或許太空也不只專屬菁英的飛行英雄。蒂托證明了太空旅遊是可能的，即便並非普遍可及。一個沒有多年培訓經驗的普通人可以飛上太空，待個幾天，協助進行實驗，然後安全返回家園。

從實務的和組織的角度來看，這當然不是我們想像中會成為日常事務的那種太空旅行。這更像是一家精品公司，規模很小，無法大規模運作，而且仍然依賴政府的計畫。蒂托最初的目標和平號太空站，和他乘坐的聯盟號飛船（Soyuz），都是由蘇聯（後來是俄羅斯）政府管轄運營。這趟任務還造訪了國際太空站，同樣是國家運營的設施，而且蒂托也曾接受一些航太總署的訓練。

「政府掌控了一切，問題就出在這裡，不是嗎？」我的司機問道。「政府不會把票賣給我。」她一邊說，右手的手指朝著天空比劃了一下。

她得出的結論跟一些非常富有的創業家所見略同，那些人現在正試圖改變這種處境：世界需要的是一家真正的民營太空計程車公司。我跟我的司機提到了伊隆．馬斯克（Elon Musk），這位科技億萬富豪在蒂托任務之後的那一年，創立了太空探索技術公司（SpaceX）。到了二〇〇八年，該公司已經成功將第一枚私人火箭送上軌道。航太總署對此印象十分深刻，於是支付費用請該公司將貨物送上太空，如今已經有超過二十次私人運補任務使用太空探索技術公司的天龍號太空船，並成功抵達國際太空站。那種太空船還另有一款適合載人的版本可將太空人送往太空站。

於是在二〇二一年，我告訴我的司機，「天龍號上的乘客從傳統的政府太空人，變成像你這樣的真正私人遊客。」她興奮地差點在座位上彈了起來。那趟任務稱作靈感四號（Inspiration4），搭載第一支真正的民間太空人小組環繞地球軌道。「從某些方面來看，他們正在為像你這樣的人開啟大門，」我說。「隨著更多民營公司進入太空，技術變得更加可靠也更安全，遊客付費去太空旅遊就更容易實現了。」

「那麼，你覺得我的夢想是不是很快就要成真？」她問道。

「是的，」我回答。「我想我們都是。」太空探索技術公司是民營太空活動的先驅，卻也不是唯一一家。這個行業正在快速成長，知名的亞馬遜創辦人傑夫．貝佐斯（Jeff Bezos）也用自己的財富創立了藍色起源（Blue Origin）公司，目標要將火箭發射到地球軌道，甚至更遠到達月球。藍色起源的新雪帕德火箭（New Shepard）取得了驚人的成功，這是一款能夠運載旅客做短暫次軌道飛行（suborbital flight）的太空船。這款太空船能脫離地球大氣層，讓乘客體驗幾分鐘的失重感，並在太空的漆黑環境裡欣賞無與倫比的地球景象，然後太空艙下降，載著他們輕柔地在沙漠中著陸。這趟飛行的票價有可能超過十萬美元，但遠遠不到蒂托支付的兩千萬美元。

娛樂業和航空業大亨理查・布蘭森（Richard Branson）也加入這場競賽。他的維珍銀河（Virgin Galactic）公司已經建造了好幾艘太空船並成功飛行。維珍銀河的太空船一號（SpaceShipOne）是第一艘私人太空船，由具有遠見的工程師伯特・魯坦（Burt Rutan）設計，並在二〇〇四年上了太空。之後又推出了升級版的太空船二號（SpaceShipTwo），但在二〇一四年遭遇了可怕的挫敗，當時太空船二號的第一個版本在飛行中解體。這起事故是由於太空船設計用來在著陸前減速的羽翼機制（feather mechanism）過早啟動引發的，導致副駕駛麥可・阿爾斯伯里（Michael Alsbury）不幸喪生。不過那款太空船的第二個版本倒是取得成功。布蘭森本人也參加了那趟任務，實現為時一個小時的太空邊緣旅行。雖然沒有到達月球，仍然積極向太空推展邁進一步。

我想試探一下我的司機。「所以，只需十萬美元，你就能體驗太空好幾分鐘。」我實事求是地說，想看看她會有什麼反應。我沒想到會得到這樣的回答。

「你在開玩笑吧？」她說。「我不想要幾分鐘，我想要去火星。」彷彿我貶低了她的人生願景。我感到非常驚喜。

如今，私人企業已經計畫要超越地球軌道。太空探索技術公司就這樣做了，他們已經擁有可以把人和材料載送到火星的原型火箭。另外有些公司則計畫機器人和載人登月任務。要預測哪些公司會成功並不容易，就像私人企業會有起伏興衰，投資人的興趣也潮起潮落。但我們不用擔心哪些品牌能脫穎而出，重要的是前往太空的可能性愈來愈高，太空旅行所需的技術成本已大幅下降，已經將近個人足以負擔的範圍之內。隨著更多企業競逐太空尖端技術，投入測試創新引擎、發射新的太空艙並測試新材料。這些企業為人類飛上太空的知識做出貢獻。對於每一代的太空旅客來說，危險依然存在，但我們離計程車司機都能負擔得起安全太空旅行的日子愈來愈近。還有一個日子也很快到來，火星會成為喜愛冒險遊客的選項之一，不過那肯定是在相當時日之後了。

確實，雖然許多公司都專注設法上太空，但也有私人企業正在思考，人們上太空之後要住在哪裡。早在太空探索技術公司還只是一個概念之前，一位古怪又熱情的房地產大亨羅伯特．畢格羅（Robert Bigelow）創辦了畢格羅航太（Bigelow Aerospace），實現了他擁有自己的太空計畫的童年夢想。一九九九年，畢格羅航太開始致力在太空中建造住宅，到二〇一六年發射了畢格羅可擴充套件活動艙（Bigelow Expandable Activity Module, BEAM），並將它固定在國際太空站側邊。這個白色大型擴充式活動艙看來就像個超大型的棉花軟糖；一旦安裝上了太空站，活動艙就會擴充形成一個簡易住宅的原型，供太空人和遊客在裡面工作和娛樂。BEAM可說是畢格羅早期經由俄羅斯火箭發射的輝煌測試成果。

太空住宅是未來探索的重要一環。房地產有可能不如吞吐烈焰的火箭那般誘人——至少對多數人是這樣——但你總得有個地方渡假吧。如果朋友送你一張去荒島度假的機票，你會多麼感激呢？

所有這些太空活動，並不只是著眼在建立太空經濟。早期參與的公司只是個起步，未來會有更多人跟進。你會想穿上功能齊全卻一身臃腫的美國NASA太空裝在月球上漫步嗎？不，你比較想要一套顏色鮮明的時尚太空服，而且附帶的頭盔在照相時不會遮住你的臉。目前已經有企業致力滿足這類需求。更多新生產業還會蓬勃發展，從面罩的顏色到你在太空中吃的食物，每個微小細節都將成為商務市場的合理標的。隨著努力的擴大，企業將實現規模經濟並開發出更先進的技術，壓低價格，直到讓太空旅行變得和跨國洲際旅行一樣接近現實。

不過我可不打算讓我的司機對未來完全抱持樂觀。「你知道那仍然不是什麼日常事務，」我解釋道，「那會有一點危險。就算你上了月球和火星，你最好也能喜歡那邊的岩石景觀。」

我們絕不能對這一切感到自滿。月球和火星都相當嚴酷又危險，這是改變不了的事實。太陽的輻射耀斑可以瞬間奪人性命。而且跟你在地球上度過的每一個假期不同，你的太空假期並不包括免費氧氣。月球的真空和火星富含二氧化碳的大氣，會讓你立刻窒息。這裡可不是你可以突發奇想外出欣賞日落的地方。而且真正來說，那些地方能為旅客提供的景點或許都很有限。月球上沒有野生動物，只有一片灰色火山岩延伸到地平線；火星也是一樣，只是變成紅色。是什麼吸引人來這裡呢？或許是身處異世界的感覺，或許還有對熟悉事物的全新體驗。如果你在月球面向地球的那一側，你可以看到地球懸掛在頭頂上。它美麗的綠色和藍色光澤，有可能永遠改變你的世界觀，就像阿波羅太空人首次目睹在無盡黑暗中的這顆脆弱星球時，會是多麼地陶醉。

我的司機並不需要特別的動機去探訪太空。「哦，我就只是去那裡，隨便看看，」她告訴我。「我就只想知道到那裡是什麼感受，你知道，在火星上的親身經歷！」她又一次向著天空比劃，雙眼掃視天空，彷彿在尋找哪顆行星。

也許你就和她一樣，或者你也可能是手裡握有一長串心願清單的遊客之一：遍訪地球上每一片大陸，那為什麼不把火星也納入呢？那是個去那裡的很好理由。

眼下到月球旅行想要變成常態，可能還得過一陣子。但要前往火星就需要更久之後了。實際上，到火星上過日子的挑戰性可能還比不上到月球度假：火星至少還有大氣層，而且就許多方面來看，火星的環境並沒有那麼極端。但是火星距離比較遠，前往月球可能只需一個連假週末，到火星旅行可能得超過一年——這可得好好請個長假。

事後來看，在阿波羅任務十年後就想登上火星度假的幻想無疑太過天真，還有許多挑戰尚須克服。二〇一四年阿爾斯伯里失事喪生提醒我們，許多困難的挑戰依然存在。太空並不簡單，她無邊無際。當生命消逝，我們就會想起太空旅行的夢想絕不是僅憑意願就能實現。你不能像二流旅行社安排背包客搭上一輛安全堪虞的巴士那樣，隨便就把遊客和付費乘客送上太空。維修不良的巴士有可能故障拋錨，讓遊客受困，毀了他們的假期。但不合格的太空船會害死人命。

儘管要審慎看待挑戰，但我們過去已經克服了眾多難關，所以仍然應抱持一些信心。當馬斯克在二〇〇二年宣布建造私人火箭計畫時，外界對此充滿質疑。設計建造一艘載人太空船，安放到火箭發射器，成功發射上太空，再跟太空站順利對接——這些步驟複雜、耗費昂貴，規模龐大，非要靠政府才有可能操作，就連最積極進取的創業家也辦不到，無數批評者認為太空探索技術公司荒誕不經。但是這家公司以及其他一些類似的公司已經證明，個人的太空旅行是可行的，民間公司也可以貢獻偉大的創新成就——不具政府公職的工程師，可以有充沛的堅定信念和想像力，創造出新穎且更美好的事物。新的解決方案造就了天龍號這艘線條流暢、彷彿出自一九六八年電影《二〇〇一太空漫遊》的太空載具。這是貨真價實的太空飛行器，能夠攜帶重物並搭載成員安全運行。馬斯克甚至在二〇一八年將他的一輛特斯拉跑車送上太空，這無疑是個行銷噱頭，也或許有點輕浮，卻也是技術能力的展現。那輛汽車現在正環繞太陽運行，象徵民營企業投身地球以外廣袤領域的自信。

目前，大多數人依然只是太空探索的旁觀者，但這並不意味著我們就該灰心喪志。如果你是阿波羅時代的一份子，而且對人類還沒有登上火星感到失望，不妨想想，如今商業太空旅行和太空運輸事業等相關活動有了多顯著的進步。想到關鍵的發展已經成真，太空也從沒有像現在如此容易親近，你的失望將可撫平。很快就有那麼一天，從月球上看地球不再僅只出現在太空人的回憶或書籍的頁面上。

誰知道我的司機最終會不會登上火星，到那時，她就有機會用她習慣的方式仰望天空，朝著地球比劃示意。單從太空旅遊已經從僅只限於人類的夢想，轉變為不久之後很有可能成行的推測，這本身就已經值得大書特書。即便只是開著計程車在愛丁堡街上緩慢行駛，她和火星的距離，已經比以往任何人都更接近了。

瑪麗蓮・弗林（Marilynn Flynn）二〇〇二年的畫作《登頂奧林帕斯》（Ascent of Olympus），描繪一支探勘隊伍最終登上了太陽系的最高峰：火星奧林帕斯山（Olympus Mons）的峰頂。誰能真正率先完成這項英勇壯舉？

Chapter

6 探索太空的輝煌歲月是否已逝？

Is There Still Glory in Exploration?

搭了趟計程車前往華威大學，發表有關在極端環境下生活的講座。

我一向很喜歡華威鎮（Warwick）。那裡綿長的商業大街還保有著中世紀風格，頗為古雅，而樸實無華且堅固的城堡也讓這座小鎮更顯得厚實，其中部分城堡建築甚至可以追溯到征服者威廉（William the Conqueror）的時代。

「人們不會建造像那樣的地方了，」城堡出現在車左側時，我的司機道出所見。他沒有加上「再」字。我盯著城堡的防禦土牆和塔樓，即便在極盡奢華的維多利亞時代，英國也很少有人嘗試建造任何能媲美城堡這種兼具簡潔美感和結構宏偉的建築物。

「沒錯，」我回答道，「我們快速建設，只為了眼前的需求，卻從來不能像那座美好的建物一樣永久存續。」我突然想到，或許我們已經完全失去對這種建築的品味了。「你認為我們還能夠再建出那樣的建築嗎？」我問道，「或者那是那個時代的特色，我們只是沒有動力去做？」

「我的確認為我們失去了某種浪漫情懷，」我的司機指出。「雖然有些建築就像是帶了現代風格的城堡，不過我們再也不追求榮耀了。」

「就像過去的那段探險歲月。」我表示。

我的司機有點憂心，甚至可以說是憂鬱。看他模樣大約六十五歲，戴著一頂棕色鴨舌帽，身穿綠色套頭毛衣。他不時若有所思地望向地平線，似乎在尋找什麼。有時他會嘆口氣，彷彿感到厭倦了，甚至對整個生命舞臺感到失望。我關於探險榮耀時代的評論，也讓他陷入沉思。每當有一項不怎麼起眼的壯舉公諸於世——比如，有人坐著浴缸橫渡英吉利海峽——人們心中都會升起對大探險時代的嚮往。

「嗯，也對，」他停頓一下，調整了帽子然後說道。「我們似乎已經完成了所有偉大的第一次，不是嗎？我們已經去過最高的山峰。」

「這樣說或許有點奇怪，」我指出，「不過如果我們全都離開地球呢？或許我們就是要到其他的行星。」

有時候你也知道自己扯太遠了。我很習慣和同事們談論太空的話題，所以我不太會過濾自己該講什麼。但其他人就不是很習慣。我的司機笑了，面露和藹地看著後視鏡，逗趣的神情看來就是在大聲呼喊，「啊，你就是那種瘋狂的人是吧？」他那種沒有說出口的反應，讓我更加確信，我們的榮耀感似乎真的休眠了。對我們許多人來說，出了地球這個狹隘範圍，就沒有什麼值得探求的了。或許這就是人類的思維模式吧。未來，當我們在火星和月球上落腳時，探險家們還會不眠不休地探勘居處四周，渴望更進一步冒險嗎？會不會有一股新的活力和精神，灌注到新的邊界，喚醒眼下停滯的英勇感受？

大批登山客魚貫列隊等待，輪流踏上聖母峰峰頂，這幅景象或許會讓你覺得，我們已經走過長遠路程，走過了地球上仍然有許多第一次的那段璀璨探索歲月。當艾德蒙·希拉里（Edmund Hillary）和丹增諾蓋（Tenzing Norgay）在一九五三年率先登上聖母峰頂時，他們是否曾經想像過，即便大自然仍然是人類嚴苛的挑戰，雪巴人卻要花時間在聖母峰基地營清理垃圾，並且收集數量愈來愈多的登山客遺體？對他們來說，恐怕更難想像聖母峰上堆積的垃圾，竟然變成對環境的挑戰。

即便在冰封的極地荒原，人類的冒險也已經降格了。如今的冒險意味著，好比率先騎摩托車橫越南極洲的第一人。探險家們爭論著某人聲稱一次完全不靠外援橫越白色大陸的壯舉能不能算數，因為沿途有一部份路徑被先前的一項科學計畫整平過，變得很容易通行。當然危險仍然是有的。一場白茫茫暴風雪、缺乏計畫或者事前難料的醫療狀況，都可能讓你勇渡盧比孔河（Rubicon）的大膽行進淪為一場要命的困局。但考慮到過去已有多人造訪，加上還有許多留下的基礎設施，最後一絲探險的榮耀已經消逝。就連最偏僻的地方，也已經被多次探訪，難怪很多人哀悼南極探險的英雄時代已經結束。

然而，若說英雄主義只局限在十九和二十世紀偉大探險家所追求的那種壯舉，那就錯了。綜觀歷史，眾多英雄時代隨著人類視野逐漸開闊應運而生。或許對數十萬年前，端坐非洲峽谷的那一群人類來說，他們當中第一位走出谷地向外探索、冒險前往未知的人就算是英雄。早期橫跨亞洲，操舟勇闖海洋來到波里尼西亞定居的人，對他們的族人來說可能也就算英雄。但這些故事發生在太久遠之前，現在已經不復記憶。我們無法像他們那個時代的人那樣仰望敬重他們。

就像所謂英雄主義先於英雄時代，我們並沒有真的走到「追求第一次」宏偉壯舉時代的盡頭。更大的挑戰還在呼喚我們。儘管我的司機懷疑我的精神狀態，我可不讓他這麼輕易擺脫。

「我的意思是，如果在地球以外的行星上，例如火星，還有許多偉大的第一次等待我們去追求，好比阿姆斯壯在月球上、或是希拉里和丹增諾蓋在聖母峰上所做的那樣的壯舉，你會去做嗎？」我追問。

「嗯嗯，嗯嗯，是啊，為什麼不呢？」他回答道。顯然我還沒能讓他相信透過這樣的對話能談出什麼明智的結果。那天我的行程很短，來不及嘗試改變他的想法，讓他迷上去火星登山探險。但既然各位讀者在看這本書，我可以在你身上試試看嗎？

請花點時間去做沒有任何極地探險家或登山家做過的事情：撇開地球。重新定義你對英雄時代的看法，不要被地球的邊界所局限，而是以太陽系外的極限為界。一瞬間，新的疆域立即展現在眼前，這些疆域和昔日探險家可能思考過的任何疆域同樣令人嘆服。

想像一座巨大無比的高山，當你站在它的頂峰，眼中所見不再是熟悉的淡藍色天空，而是太空。你周圍一片漆黑，其中閃爍著星辰，而在地平線上，薄薄的大氣層緊緊包裹著圓弧的地球表面。你心中想像的是奧林帕斯山的頂峰，這是一座由熔岩堆積形成的火山，稱為盾狀火山（shield volcano）。它高出火星表面二十一公里，是聖母峰高度的兩倍半，這座龐然巨峰是太陽系中最高的山峰。誰能夠站上它的峰頂，將會是非凡的成就，恐怕連希拉里也會對此深感敬畏。

儘管如此，把過去的榮耀簡單地移植到新的地方是錯的。奧林帕斯山和聖母峰非常不同，征服這座山會是另一回事。例如，聖母峰的登山客來到高處時通常得依賴氧氣瓶，不過仍有些人在沒有供氧情況下登頂。但火星的大氣非常稀薄，完全感覺不到氧氣，因此攀爬奧林帕斯山的登山客從山腳開始一路直到山頂都必須穿著太空服，每分每秒都是如此。他們唯一的暫歇處只能到加壓帳篷，裡面灌注了足夠的氧氣，可以提供幾個小時不需要穿太空服的休息時間。

登山客可以從一面高達六公里的陡峭懸崖展開行程，當身上包裹著太空服並攜帶全套裝備想要攀爬這樣的垂直面，即便火星上的重力僅只地球的八分之三，讓裝備重量減輕許多，大概也很難辦到。或者，登山客也可以選擇從山的東北側開始攀爬，那裡的山麓相對比較沒有那麼極端，也比較容易攀上火山的緩坡面。

這也是奧林帕斯山挑戰性不如聖母峰的理由之一：你不必一路往上攀爬，可以改為穿越崎嶇不平的熔岩地帶，那處斜坡約只有五度，幾乎感覺不到，然後一路延伸到山頂。那裡沒有冰川，沒有不可預測的雪崩，也沒有裂隙。但這片斜坡延伸長達三百公里，會讓人痲痺，行程連日辛苦跋涉，還得穿越破碎火山岩區，岩面鋸齒尖利，有可能割傷太空服。或許這種危險才能讓煩悶枯燥至極的心靈敏銳起來。

終於到達山頂，獎賞是一片巨大的火山口，這是一個六十乘九十公里的橢圓形，曾經一度是熔岩湖，噴發過液態岩漿的火山口遺跡。來到稜線邊緣，睜眼遠眺壯闊的水手峽谷（Valles Marineris），探險家們一邊靠機器供氧呼吸一邊倒抽一口氣。這片綿延數千公里，深好幾公里的峽谷群系，規模龐大到將美國大峽谷擺進來都杳無蹤影。從奧林帕斯山頂，火星上朦朧的淺橙色天空顯現在腳下，朦朧的火星雲朵零星飄過。

登頂成功的當下，探險家們已在更廣闊的疆域重建英雄時代。我們希望他們不要只是收集一、兩塊岩石紀念品，然後就像攻頂聖母峰的登山客那樣就此折返。在奧林帕斯山的遼闊火山口還有許多事情可做，它可以告訴我們火星在更活躍時期的歷史，在那時候，熱量和水有可能使這些下沉、凹陷的碗形地帶成為一處適合生命存續的環境。登上奧林帕斯山的第一批人，明智的做法應該是收集熔岩以及從火山深處循環流向地表水系統的殘留礦物樣本。這些樣本蘊含了我們這顆姊妹星球遠古歷史的線索，以及它為什麼會淪為長期嚴寒冰封，而我們自己的世界卻繁茂孕育了海洋和生命。

火星雖然對於第一批人類探險者來講是個新世界，卻也呈現出一些類似地球的特徵。火星和地球一樣有兩極對立的極地冰帽。在火星上，極地冰帽是固態水冰，表面覆蓋著一層季節性的二氧化碳雪。站在這些冰帽附近或者從它們的上空飛越，你會看到它們像是覆盆子外觀般的波紋，冰面上縱向蜿蜒著幾條長長的紅、橙色條紋。這些都是古老的塵埃堆積層，受風暴不斷吹襲直至困在降雪當中。現在它們呼喚我們前往一處編碼寶庫，裡面蘊藏了數百萬年的火星歷史。這些波紋構成了一個地質的時間膠囊，能告訴我們有關這顆行星上氣候變化的資訊，這些變化也讓我們得以看到整個太陽系的晚近歷史。

當你看著這些極地冰帽的衛星影像，幾乎不可能不興起穿越這些地帶的想法。是的，你可以派一艘太空船降落在火星的一處極地，發動鑽頭鑽入冰中採集樣本，然後返回地球。但重點完全不在這邊。這裡有個跟過去在地球探險時代明顯不同的地方：在人類甚至還未到達火星之前，我們就已經可以在地球上坐著舒適的扶手椅觀看火星的極地風貌。火星軌道衛星拍攝回來的精美細部影像，現在只需上網搜尋就能找到。相較而言，首次探險南極的羅阿爾．阿蒙森（Roald Amundsen）、羅伯特．史考特（Robert Falcon Scott）隊長和歐內斯特．沙克爾頓（Ernest Shackleton）爵士就只能仰賴他們的想像力。從來沒有人見過他們要去探訪的地方。他們和更廣大的公眾，只能夢想地球極地荒原的那種壯麗和恐怖孤立。

然而，即使我們知道火星上等待我們的是什麼，這也不意味著火星上的極地探險家就能夠輕鬆面對。我們大無畏的團隊有可能從火星北極靠近北極峽谷（Chasma Boreale，又稱作博勒拉峽谷）那側邊緣發起進攻，展開他們的第一次無支援跨越極地行動。北極峽谷是一道延伸切入極地冰層的寬廣峽谷，從那裡他們要穿越一段超過一千公里冰面的旅程。就像他們的奧林帕斯山登山友人，跨越極地隊伍也得穿著太空服長途跋涉，只能在他們隨身攜行的加壓帳篷中暫時卸除太空服。這也是件好事。戴著頭盔跟全副裝備很難入睡。

每天早上當太陽從白色地平線升起，照耀他們的極地行程時，他們並不會感受到腳下的新雪嘎吱作響。這裡的溫度比攝氏零下一百度還低，雪和水泥一樣堅硬。無論是地球上使用的那種雪屐或雪橇，都無法在這趟旅程上使用，它們任一種很快就會被磨成粉碎。旅行者必須穿加熱靴行走，後面拖著裝有輪子或履帶的貨箱，若是裝了加熱滑板就更好了。由於火星的大氣非常稀薄，那裡的冰一經加熱，並不會變成一團泥濘，而是立刻揮發，滑板的熱量有可能形成一層薄薄的氣墊，讓徒步旅行者能相對輕鬆地拉動他們的裝備。

這樣的艱苦跋涉大約要八十天左右。行走時，他們會穿著太空服攝食飲水。或許食物會製成液體形式，以管線連到貨箱內一桶美味的營養湯汁。他們有可能得帶上他們所有的氧氣，或者也可能攜帶一臺可以利用火星大氣製氧的系統。當然，如果他們四周都是水冰，那就不必攜帶用水。他們可以使用加熱棒來切割取出冰塊，將冰加熱並加壓，這樣得出的液體再予過濾、清潔，去除灰塵和鹽分，成為他們的新鮮飲水。

火星極地的地形單調沒什麼變化。大多是一望無際的白色，偶爾有一片片紅色和橙色的塵埃斑塊，還有零星分布的坑洞，那是冰層在火星的太陽下不規則地蒸發形成的。不過憑借靈巧的地面導航，或許再加上衛星輔助，探險家們就能找到地理極點。沒有白茫茫暴風雪把他們困住，陷入史考特和他的團隊在最後幾小時那般動彈不得的處境。火星上只會有火星氣流颳過探險家的面罩時發出的嘯聲。當探險家凝望火星荒漠，臉上洋溢自豪的笑容時，相伴他們的也只有這些了。

就在這一天，在距離地球好幾百萬英里的地方，一件對宇宙無足輕重，但對人類至關重大的事件即將發生。在這裡一個英勇的第一次實現了。這樣的旅程很具象徵意義，這就是重點。當人類能夠徒步穿越火星極地冰帽，我們也就能夠精確地讓火箭降落在極點。事實上，或許我們的第一支徒步隊伍會發現，早期無人火箭到此的證據——早已牢牢凍結在地表的一座氣象站或一個補給桶，而且側邊已經積上雪堆。但不要緊。這是人類迎向挑戰，努力以赴的故事。不論批評者怎麼說，往後的世代都會受到他們探險故事和嶄新篇章的啟發。當這些探險家完成他們橫越行動的後半段並爬進火箭起飛返家，或許他們帶回的豐富樣本，像是鑽芯挖出的岩石、灰塵和水，這些會帶給我們嶄新洞見，得以更深入理解火星的演化、火星上的氣候以及它是否能孕育生命的潛力。

依照我們地球的歷史，極地穿越可能是環球航行這樣更大事件的序幕。環球航行是探險家的冠軍獎牌。在英雄時代之前，探險家已經以種種不同方式環繞地球並達成了更偉大的事蹟。維多利亞號在葡萄牙探險家斐迪南・麥哲倫（Ferdinand Magellan）和他的西班牙同僚胡安・艾爾卡諾（Juan Sebastián Elcano）指揮下，於一五一九年至一五二二年間橫越了大西洋、太平洋和印度洋。然後到了一九七九年，英國探險家雷諾夫・費恩斯（Ranulph Fiennes）和他的團隊才完成了極地環球航行。他們的「環球遠征」（Transglobe Expedition）從英格蘭出發，向南前往南極洲，然後朝北穿越北極，接著再次向南，環繞地球回到英格蘭。

在火星上，人們可以仿效麥哲倫和艾爾卡諾來一趟環繞赤道旅行，這趟路程長達兩萬一千公里，沿途除了沙漠別無其他地貌。（這邊是直線距離。實際上，地形的眾多不規則狀態會使旅程更加漫長。這會是一次極漫長時日的探險，每穿越一個隕石坑、沙丘、岩石或山丘，都需要好幾天時間。然而，就人員和車輛而言，那種單調乏味和危險性，會讓它成為一次探險壯舉。完成這種豐功偉業之後所流傳的故事當能激勵全人類。

那麼火星版的費恩斯極地壯舉呢？我一直對這樣的前景深深著迷。依我想像，跨火星探勘行動可以從穿越北極冰層開始，然後抵達環極沙丘。從那裡探勘隊將穿越沙漠區和隕石坑，抵達南極冰層邊緣；在那裡隊伍先暫停，享受這美好時刻，然後展開他們的第二次極地穿越。下半段行程，當探險家回到起點時，他們登頂奧林帕斯山。當他們凱旋返回起點時，他們也已經穿越了一萬九千公里的沙漠，走過一萬四千公里的冰層，加上跋涉七百公里登上太陽系最高山。好的，如果你想要開創第一，這就是了。這不會是最長的環星球旅行——地球的周長大約是火星的兩倍——但面對的種種挑戰，讓這次探勘無可匹敵。跨越火星的團隊必須耐受身穿太空服和住在加壓帳篷的持續封閉狀況，極端溫度，以及忍耐廣袤無垠、被侵蝕和被機械破壞的碎石和灰塵的景象。這對你是很大的挑戰。

除此之外還有很多可能性等著志向遠大的冒險家。我們或可環繞月球，或者攀登天王星的衛星天衛五（Miranda）的冰崖。有一天，甚至可能有人環繞表面覆蓋著甲烷和氮冰雪地的冥王星。

對於每一代人來說，過去似乎都是個難以跨越的門檻。想到麥哲倫的壯舉，見識了他和他的水手的成就，若想超越他們很容易陷入無助。然而在二十世紀，一小群探險家確實認為自己有能力跟他們的前輩相媲美，他們設定了環繞地球南北兩極的目標。每一代人都在重新設定極限，重新定義人類的能力和可能性。麥哲倫永遠無法想像穿越環繞兩極的航程，因為當時世界的這些區域仍屬未知，這樣的探險甚至都是不可能的。然而隨著新知識和技術的出現，一項能與麥哲倫同等級別的挑戰，便為敢於想像的人開啟了。

如今的孩子們誕生的這個世界，由於工具和技術進步了，太空探索也愈來愈有可能實現。與其緬懷留戀史考特、阿蒙森和希拉里的時代，我們該做的是重新設定疆界。現在我們擁有奧林帕斯山的影像，也可以規劃穿越火星極地冰帽的探險行動。我們甚至可以詳細描述環繞火星兩極的探險。雖然我們眼前還不能真正進行這類探險，但也許幾十年後就能辦到。這在悠遠歷史長河中算不上什麼。眼前有一段壯闊英勇的探險時代等著開展，它與我們在地球上所能嘗試的挑戰同等壯闊，甚至還更宏偉。

數百年後，我們仍會敬仰地球探險家，頌揚他們的故事和勇氣。但我們的歷史書也會講述冒險穿越太陽系內最險峻地勢的人所經歷的輝煌壯舉和瀕死險境。好比登頂奧林帕斯山的奈爾斯・布蘭德魯（Niles Brandrew）；率先走陸路橫越火星北極的艾蜜莉・霍金斯（Emily Hawkins）；還有率先環繞火星的吳蔚然（音譯）和他的團隊。這些人是誰？他們的真實姓名是什麼？有一天，人們將會認識那些引領我們將文明推到新高度的的探險家，他們仍保有人類首次離開非洲山谷展開遠征的探險精神，正是這種精神不斷激勵著我們所有人。

火星的荒涼壯麗全景，浩大的水手峽谷橫穿地表。

Chapter 7 火星會是我們的第二個家嗎？

Is Mars Our Planet B?

從舊金山機場搭了趟計程車到加州山景城（Mountain View）。

我是從佛羅里達州奧蘭多（Orlando）搭飛機飛來加州。之前我在奧蘭多附近的甘迺迪太空中心參加了一個發射作業，將一項實驗送上國際太空站。現在我來到這邊是要進行一項地面實驗——程序完全複製在太空中的那項實驗，這樣我們就可以比較在低重力和地球重力下的結果有何不同。這項計畫醞釀了整整十年，我們都很興奮即將能看到成果。

這項實驗的目的是測試使用微生物進行「生物採礦」（biomining）提取金屬的有效性。在地球上，微生物幾十億年來一直在分解岩石，這方面它們做得非常好。科學家們也在受控條件下測試了這個過程，他們使用微生物從岩石中提取銅和金，這方法比向岩石傾倒氰化物一類有毒化學物質更環保且安全許多。我們的研究團隊想知道，我們是否能夠使用同樣的流程，在不同的重力條件下運作。如果奏效，到了未來某個時刻，我們就能夠以生物採礦技術從太空岩石或小行星中取得稀土元素跟其他有價值的礦物。因此，我們在失重環境下測試了這個流程，同時使用一個旋轉裝置來模擬火星重力。幾個月後，我們將會發現我們這個小實驗奏效了。這也是低重力狀態下運用生物採礦技術的首次示範。

不過在此時，我只是要前往飯店休息。我搭上了計程車，收音機正在播放新聞，報導又一則全球新聞快訊。起初我的司機保持沉默，不過當我們沿著一〇一號高速公路朝山景城高速駛去，她的注意力也從收音機轉移開來。

「世界上有這麼多問題。你不覺得嗎？」她問道。她是個開朗活潑的三十多歲女子，手臂上下揮舞，說話帶著輕柔的北加州口音。她穿著一件鮮明的橙紅色T恤，一頭紅褐色飛揚長髮披在肩上。她是那種你會立刻注意到眼睛顏色的人：大眼睛、神情堅定、凝望著你期待答案，顯現近乎兒童的渴望關注神態。她的眼睛是深褐色的。

我同意她的看法，全世界的問題像是連環爆，而在心情悲觀的情況下，人們或許會以為世界正在螺旋式往下墜，這是可以理解的。我回答道：「確實，有很多爭議，從石油到核武，各種緊張局勢。」我提出一絲模糊的指望：「話雖如此，世界上仍有很多美好的事物。」

「是啊，我們得把問題都解決，對吧？不然我們也沒有其他地方可去了。」她表示。

這種評論對我來說，就像小孩子看到糖。「妳的意思是，沒有其他行星可以去？」我問道。「是啊，這是我們當下最好的地方了。大家都在討論前往月球、逃離地球。但我們必須在這裡解決我們的問題。」她表示。

她說出了對太空探索的一個常見批評——不單認為地球還有更重要的事情該做，而且有人想要上太空是為了逃離地球，因為我們正在毀掉它。隨著我們的環境惡化和人口增長，明顯的解決方案就是乾脆離開地球。去別的星球找到新家。出發前往「B計畫」(planet B)。

不論聽到這種觀點多少次，我都還是不太明白這是從哪裡來的。也許某些電視節目、書籍或其他媒體，有意或無意地說服人們，因為我們把地球弄得一團糟，所以我們應該到太空落腳。也有可能這種誤解跟任何人都無關，而是隱含在想要成為太空探險家的熱情當中。畢竟，當我們熱烈討論在月球、火星或更遙遠的地方設立定居點時，人們會順帶做出一些假設。但不論來源出自哪一個，抱怨「我們沒有其他地方可去」是最糟糕的一種。我想解釋一下為什麼。

讓我們面對現實，我們在地球上是有問題。當我說「我們」時，我指的是全人類，儘管某些特定的問題很容易歸咎到某個特定地方。我們有超過七十億人的龐大族群、嚴重的環境挑戰，以及形形色色的政治衝突。也難怪有些人會認為，移民到其他行星會是個很好的備選方案，特別是當地球的情況變得糟糕到無以挽回的程度時，至少人類居民還有機會可以重頭來過。

表面上看，這其中存在著某種邏輯。我們需要一個備選行星的觀點看似冷酷，卻非常明智，也肯定是期盼太空殖民的部份人士的重要論述環節。地質歷史似乎也支持這個觀點。特別是有人主張我們應該尋找備選的行星，因為類似恐龍滅絕的大禍遲早會發生在地球。

那次大滅絕的故事本身就非常引人入勝，我們對它認識愈深，也就對它愈感到憂心。六千六百萬年前，一顆小行星與地球相撞，大量塵埃和濃煙飛騰進入大氣層，地球陷入一片黑暗，形成所謂的「撞擊冬天」(impact winter)。這場災難不僅結束了恐龍一億六千五百萬年的宰制歲月，還終結了大約百分之七十五的所有動物生命。但後面這件事就沒有那麼經常被人提起。關於這場災難的宇宙起源證據，最早是在一九八〇年代由柏克萊加大地質學家沃爾特．阿爾瓦雷茨（Walter Alvarez）和他的同事們挖掘出來的（沒錯，名符其實地挖出來）。當時他在調查白堊紀晚期的岩石，也就是大滅絕的發生時期。令他感到驚訝的是，在岩石中發現了非常大量的稀有元素「銥」。這種元素主要集中在地球深層內部和小行星中。地球上沒有哪種火山爆發能把這麼多數量的銥噴發到地表，顯現出阿爾瓦雷茨所發現的數值。因此他推測，這就是小行星撞擊的證據，一場災難級的撞擊。

他的推論還獲得其他證據支持。例如，其他研究人員發現，同一個時期也出現了微小的球狀玻璃珠，驗證了那次撞擊曾噴發大量熔岩並散落在地表各處。而且在現今美國境內陸地上也發現了大量海嘯沉積物，這些發現顯示那可能是一顆直徑十公里的天體高速撞擊地球產生巨浪。甚至地質界線上的微小岩石碎片當中也出現裂紋，這與當時那顆十公里直徑天體撞擊地球時所產生、並經由地表傳遞的巨大衝擊壓力是一致的。這樣的事件釋放的能量十分龐大，只有同時引爆數十億枚核武，才有可能模擬這場災難的猛烈程度。這並不是誇大。剎那間，整個地球表面發生翻天覆地的改變。

我之前提過，這些碰撞看來似乎十分久遠，甚至有點像是發生在遠古宇宙。然而地球本來就是太空環境的一部分，再一次發生這樣的撞擊不僅有可能，而且只要時間足夠長，就肯定會發生。要多長時間？數一數月球和我們太陽系中其他岩質行星上的隕石坑，你就可以明白隕石撞擊有多麼常見。但若是那種會導致滅絕的小行星撞擊，算出來的數字大概是每一億年出現一次。

儘管這數字令人欣慰，背後卻隱藏著幾件不好的事實。首先，這並不意味著我們和下一次這類撞擊還相隔三千四百萬年。每一億年一次，只是平均頻率，並不代表下一次一定會在何時發生。就算地球明天就遭到一顆小行星撞擊而人類毀滅，接著卻是（我們沒有人能活著享受的）連續好幾億年的安寧歲月，這個平均數字依然還是準確的。第二件令人不快的事實是，一顆小行星不一定要達到會導致大滅絕的規模，也能帶來非常大的破壞。一九〇八年，一顆小行星在西伯利亞的通古斯（Tunguska）上空爆炸，把兩千平方公里左右的森林全部夷平。如果這種情況發生在當今的城市，就可能造成數百萬人死亡。這樣的撞擊大約每千年發生一次——同樣也是平均值。下一次通古斯爆炸有可能明天就來。

在第四章描述這種令人沮喪的事件當中，也隱含了一線希望，那就是我們可以想辦法測繪並偏轉這些星體的航向。一種選項是利用動能：用衝擊器撞擊小行星。這就是航太總署「雙小行星改道測試」任務正在做的事情。聰明的工程師還想出另一種方法，使用激光來燒毀小行星一側的物質，藉此推移小行星遠離地球——燒灼噴出的蒸汽將干擾小行星的軌道，希望能讓它錯過我們這顆星球——只要那顆來襲的小行星能及早被發現。

既然我們已經有恐龍滅絕的前車之鑑，以及大滅絕事件各種可能性的所有知識，加上我們還擁有測繪小行星和可能偏轉它們航向的技術，所以為什麼要賭俄羅斯輪盤呢？為什麼要坐等厄運降臨？親愛的讀者，這是個好問題。恐龍會對我們如此漫不經心大感訝異，我也是。去問問你當地的太空機構，為什麼他們不更認真一點對待小行星撞擊的威脅。

當然，即便再努力也未必成功。最先進的技術有可能無法偵測出或偏轉一顆進入碰撞軌道的小行星。我們甚至還沒有談到彗星。由於彗星的軌道往往把它們帶到太陽系的偏遠地方，在那裡我們測繪不到它們，而且它們的速度也比小行星要快得多，說不定其中一顆會在我們察覺之前無預警飛來並終結我們的派對。

這就是備選行星發揮作用的地方。我們或許無法或不願意推動必要措施來確保地球堅不可摧，免受宇宙導彈的威脅，但我們可以在另一顆行星上建立人類的分支，一個能自給自足的手足殖民地，來提高我們物種長期存活的機會。不論我們這顆脆弱的藍色星球發生什麼事情，他們都會存活下來。當然，他們也可能遭小行星或彗星擊中，他們也參與了同一場俄羅斯輪盤，不過整個文明的存續機率將大大增加。當人類同時分布在地球和火星上，這個物種就能免於毀滅，除非真的發生全太陽系級別的大災難。

若能成為「多行星物種」，人類對其他災難也相對較能免疫。我們擁有備選行星的保險措施，或許能拯救我們免於超級火山所釀成的滅絕事件。超級火山是規模遠超過人類歷史上所曾見過的火山爆發，如果發生將會讓大氣層充滿有毒氣體，也讓海洋和陸地上的生命窒息。這樣的災難絕非杞人憂天。恐龍滅絕吸引了我們所有的關注，但是在二疊紀末發生的大滅絕事件卻更糟：兩億五千萬年前，估計當時地球上大約百分之九十八的動物同時死亡。最確鑿證據指向洲際規模的火山爆發，就算不是罪魁禍首，至少也是重要的幫兇。

地球這顆行星也始終沒有停止從內部燃燒。在美國黃石國家公園，有冒泡的溫泉和間歇泉，泉水中飽含五彩斑斕的礦物質和眾多微生物，顯現出黃、棕、粉紅和橙色，是地表下一處龐大岩漿地熱活動所形成的外貌。黃石公園動盪不安的液態岩庫約在兩百萬年前噴發過一次，到了約一百二十萬年前又噴發一次，然後在約六十四萬年前又再噴發。兩百萬年前那次噴發十分猛烈，留下一個直徑八十公里的火山口。倘若這頭巨獸如今甦醒過來，會發生什麼事？它會噴出火山氣體和微粒，讓整個地球降溫。確切的影響很難預測，很有可能釀成一場規模就像導致恐龍大滅絕那般慘烈的災難。最起碼，也會讓世界經濟陷入癱瘓。

現在，我必須補充說明，即便我們沒有備選星球的保險，就算遇上小行星撞擊或二疊紀末滅絕事件重現，人類也不一定就會完全毀滅。我們並沒有常常這樣想，但我們的確比恐龍聰明，可以想像我們會設計出某些機制來應對並防止被滅絕。六千六百萬年前，能夠熬過小行星最初撞擊和衍生出的衝擊波、火災、洪水等災變中倖存下來的任何生物都孤立無援，只能靠運氣獨自生存。在大多數情況下，牠們的運氣用盡。能熬過來的動物，類似鼩鼱那樣能鑽穴藏身、取食地下根莖，並在乾涸生物圈中求生的小型哺乳類動物存活了下來，演化成人類。除了牠們，鱷魚和鳥禽類恐龍（也就是鳥類），也一起伴隨迎來新的一天。（我認為有件事實一直被嚴重忽略，那就是恐龍族群實際上並沒有在白堊紀末徹底滅絕，只是大部分都絕種了。剩餘倖存的一小部份演化為如今在地球上活躍且安生的一萬八千種鳥類。我一直認為，如果我們把雞肉三明治改名為恐龍三明治，或許可以給我們的生活增添情趣。我又離題了。）

有別於我們的蜥蜴前輩，人類可以發揮創意求生。倘若大氣受火山排放物或撞擊塵埃污染，我們會面臨嚴重的困境，但人類先前也曾耐受過極端的環境。例如加拿大極北的因紐特人（Inuit）已經在北極寒冬生存數千年了。說不定我們可以在加熱的溫室中種植物，在洞穴中飼養足夠的動物來維持一小群人類的生計。他們的生活會很慘澹、艱苦，但至少他們還能活著。或許那種大幅衰減的人類社會，規模仍然比我們在月球或火星上建立的任何前哨站都還要大，因此那個備選方案仍然是在貧瘠且深陷困境的地球上。但慢慢地，頑強的少數人類家庭可以重新開始，重新踏上我們祖先橫越太平洋、亞洲和歐洲的跨大洲遷徙之路。也許倖存者或他們的後代會聯繫起來，定義出人類的第二次繁榮文明，也就是後撞擊文明。

然而，所有這一切都有相當大的風險。即便擁有能模擬行星撞擊或火山巨災的電腦系統，我們也無法準確預測人類社會能不能存活下來。這種災難釀成的社會和物質崩潰，很有可能會將人類推向混亂且無法預測的結局。或許人類這個物種會搖搖欲墜瀕臨滅絕，只要再有一個小擾動，或再有一次不可預測的推撞，就有可能面臨生死存亡。儘管我們擁有這一切技術和專業知識，我們地球文明的未來，仍然有可能像恐龍的命運一樣，由擲骰子決定。

所以我們還是回到備選星球的保險方案。這張保單效果有多好？起初，我們只能安置一小部分人到其他星球，也許幾十或幾百人。即使你瘋狂幻想火星上有許多百萬人口的大都市，但與地球上超過七十億人口相比，仍然是個小數目。讓我們面對現實，即便已經有一百萬人在火星生活，相比於地球上超過七十億人死亡，這一天仍然會令人無比悲傷、失望。

不過讓我們暫且先想想我們是否已經有技術能力，足以在另一顆行星上建立人類文明的分支。目前我們還沒有這種技術，但如果我們真正投入這個想法，我們在下一個十年就可以擁有這門技術。抵擋地球發生行星規模災難的能力，就在我們的掌控範圍下，我們為什麼不把握這個機會，緊緊抓住，成為第一個從地球衍生出的多行星物種？我認為這是一個配得上我們能力的目標。

但在追求這個目標時，我們應該保持清醒，以免墜入像我的司機那樣的認知陷阱，把備選的保險方案誤認為逃生艇。這是完全不同的兩種概念。當災難來臨，保險會啟動生效；而逃生艇則是我們自己釀成無可避免災難時的最後選項。

讓我們這樣看：沒有人想要動用他們的保險，不只因為律師和理賠調查員在被保險人提出要求時十分吝嗇。更重要的是，沒有人想經歷他們投保所要應對的那些苦難。我們的行星保險方案也是如此。

不管你對於在其他行星上定居有多麼興奮，沒有哪個心智健全的人寧願住外行星而不是選擇我們自己的地球。我們太陽系中的其他每顆星體，適居度都遠遠不如地球。我需要列出月球的所有可怕事項嗎？高輻射、沒有液態水、貧瘠的灰色地景一路延伸到地平線。沒有生命，沒有聲音，溫度在冰凍和沸騰之間來回擺動。如果你認為相對優渥的火星會是答案，這個在我們太陽系中最像地球的世界，平均溫度為攝氏零下六十度，大氣令人窒息，土壤帶有毒性，輻射極強，並且極目所見盡是滿布塵土和紅、橙、褐色的火山地景，沒有可見的生命跡象可以調和。

所以簡單的觀點是這樣：即便地球的環境處於最慘烈狀態，對人類來說，仍然比月球或火星的環境更好。倘若我們把月球或火星設想成保命的第二家園，用以防止我們萬一把地球帶來災難，才有地方逃難。這樣想是可怕的誤判。

只要地球還有支持人類的自然能力，多行星計畫就應該是最後的方案。我們應該努力向外在太陽系中建立人類的分支，這樣我們就可以把太空的所有好處，包括從資源到能源全都帶回家。在這個歷程中，我們會讓自己更不至於被災變滅絕，這是恐龍辦不到的。除非遇上浩劫，我們絕不會懷疑地球就是我們在可見未來最好的行星。

倘若我們的社會把其他行星看成候鳥的第二家園，就好像密西根州人每年一月為了避寒而跑去佛羅里達海濱公寓舉辦燒烤派對，這種想法隱藏著一個非常暗黑的可怕問題。這樣的願景會助長我們率性輕蔑地對待我們居住的這顆星球。有火星等在那兒，誰還需要地球呢？我不認為支持太空計畫的人士當中，有多少人會真正抱持這樣的觀點。即便是想要建立多行星人類族群的人，通常也將這種抱負視為一項備用方案，而不是設想地球被不負責任的消費者耗盡所精心設計的逃離計畫。然而正如我的計程車司機的評論暗示的，行星保險方案的目的並沒有廣泛被大家理解。我不會怪她這樣想。我可以理解有些人或許認為，太空探險家正在尋求人類搬離自己的第一個家，而不僅僅只是買張保單。

如果你也抱持這個觀點，請記住就算你擁有某種保險，你也不會因為支付了保費就會想要獲得保險理賠；你也不會因為想要減輕財務負擔而縱火燒掉房子，或是對你的汽車、精美樂器或祖母的珍藏去動歪腦筋。同樣的道理，關照地球跟規劃保障人類物種的保險備案之間並不矛盾。無論我們多麼努力遏止污染、強化社會抵禦氣候變遷和海平面上升，無論我們如何盡力維繫國際之間的和平，無論我們如何小心保護這顆行星免受宇宙中再平常不過的天體襲擊，依然有可能在剎那間，地球原本微妙平衡的生命系統被打破，人類將因自己的過錯而滅亡。

我們的多行星保險方案有可能不會奏效。即便我們最樂觀的設計，若遇上類似二疊紀末的滅絕事件，也可能無法挽救文明，因為若要等地球慢慢回復可以居住的條件，火星殖民地說不定根本就撐不了那麼久。然而，如果我們有能力嘗試，何不至少試著建立多行星的未來呢？我認為這種太空定居的動機有其價值。

所以，是的，火星有可能成為備選行星的「B計畫」。但B計畫不是什麼海濱公寓。B計畫是為防範我們未來最負面的預測——大滅絕的一種避險措施。備選行星的作用並不是在老家朋友們忙著敲除屋簷結凍的積冰時，供你前往享受日光浴。它的作用是在浩劫過後，在地球重生過程中維持一線生機。除非我們在建設備選二行星之際，同時也努力維護我們地球這個伊甸園，否則備選行星毫無意義，因為在太陽系中，真的找不到第二個像地球的地方。

這幅一八九九年的影像是用雙重曝光製作的，但我們不需要巧妙的攝影技術也找得到鬼魂。這是我們在量子物理學上學到一課。

Chapter

8 鬼魂存在嗎？

Do Ghosts Exist?

到中國參加科學研討會回國，在愛丁堡機場搭上計程車。

有關天氣的對話很少會引發對宇宙的本質和我們為什麼存在的深刻思考。那天交談時，我正好從北京長途飛行回來產生時差，而感到精疲力竭。或許是我疲憊的腦子需要一個著力點，所以當我的司機說了一些話，勾起我大腦中沉寂已久的一個議題，於是我的腦子就開始運作。這個話題是，我們所感知的世界到底是由什麼構成的。

車子駛出愛丁堡機場朝市區行進，這時計程車司機主動開始交談。他大概五十多歲，身穿咖啡色高毛領厚夾克。他配戴圓眼鏡、頭頂漸禿、身形挺拔，語調帶點自傲，散發出一股博學多聞的校長氣息。

「最近天氣挺古怪的，」他說。其實我沒有什麼看法，因為我離開了兩個星期，接受北京大學的同事邀請到北京發表演講，談論生物學和太空探索。在科學研討會期間，我抓住機會到北京天文館向一群熱情洋溢的中國年輕一代太空探索者發表演說。十二月寒冬的清冽令人振奮。我請我的司機解釋一下我錯過了什麼。

「嗯，天氣不像看起來那樣，」他解釋道。「你永遠也猜不透。看到那些雲了嗎？昨天還在下雨，它們現在看起來一片灰濛濛的，好像就要下雪了，但接下來你會看到雲層散開，溫暖放晴。你可以看電視上的天氣預報，不過他們也始終不會真的知道。如果你跟我一樣開車到處跑，你就永遠說不準接下來會發生什麼事情。事情並不像表面看起來那樣。」

「事情並不像表面看起來那樣。」這樣一種比較婉轉、也比較不會有爭議的說法。不過這裡面也包含了一個數千年來始終紛亂分歧的想法。我們眼睛所見是真實的嗎？當你從腦袋裡的那兩個小小球體看出去，大腦就會處理不斷湧入的信息，這時你看到的是事物的真實樣貌嗎？整個現實的建構是不是個龐大的假象？古代哲學家喜歡探討這個問題。近年來，科學家、編劇以及富有想像力的各形各色人士，也想知道我們有沒有可能全都活在外星人所設計的電腦模擬程式當中。

就某些方面來看，科學家披露的部分宇宙真相，其實比我們是外星電腦遊戲中的角色還更離奇。例如，倘若我告訴你，我不但相信鬼魂，而且我知道它們確實存在，你會怎麼想？我毫不懷疑你會非常好奇，而且假如你是科學家，或許還會十分震驚，覺得我太容易受騙。但它們確實存在。

不，我不是指死去的祖先或者其他超自然實體出沒糾纏。我說的是一切，包括你在內。要理解這種非比尋常的說法，我們先需要了解人類是如何認識周遭世界的。

柏拉圖提過一個著名的比喻，把人類比作一群洞穴居民。他們對外面世界的認識，完全仰賴投射在洞穴壁上的影子，也就是當有東西經過洞口時所映現出的影子，因此人類只不過觀察到複雜現實世界的吉光片羽。如今科學方法和工具把人類從洞穴釋放出來，擁有了探索的自由，柏拉圖描述的穴居人也因此對物理現實有了一些掌握。當然這種掌握總是有限的，不過我們已不像柏拉圖所設想的那樣被束縛在無知當中。我們所發現的東西，比柏拉圖夢想到的還要奇特得多。若是有人能坐上時光機回到古代雅典並揭示一切，我猜想那位偉大的哲學家肯定會大為吃驚，原來他所描述關於我們對現實的感知，竟然這般準確無誤；但我也相信，他對於宇宙的基本結構竟然如此怪誕也同樣會感到驚訝。

對古人來說，世界看來很堅實可靠，或許你也是這樣想。當你拿起這本書，你的手指秉持一種可預測的確定性緊握著它。你把它從書架或桌上拿起來，知道它會跟隨你的手部動作，直到出現在眼前。你把書翻開，而不是直接看穿它；你的目光停留在寫滿黑色文字的厚實紙張上，紙張本身被堆疊在一起，形成一個令人滿意的長方形塊狀物。

古人也有相同的日常經驗，並根據這些經驗對世界得出了一項很重要的結論：世界是由微小的物質團塊所構成。他們推斷，從書到馬到椅子，所有事物全都是由這些團塊物質組合在一起構成的。

在這方面，希臘人以及所有其他人，當然都知道生命與無生命物體有所不同，這個差別讓人類和其他生物，與區區椅子和書本相隔了一大段距離。但不論這種區別是什麼，像你、我和你的沙發這樣的物體，仍然具有同樣的堅實性，因為它們都是由相同的有形物質構成的。

對這種物質做出最富影響力描述的人是哲學家德謨克利特，他提出宇宙中一切事物都是由不可分割的粒子所構成。德謨克利特的概念十分吸引人，直到數千年後依然有深遠影響。甚至到十九世紀初，在英格蘭曼徹斯特從事研究的化學家約翰・道爾頓（John Dalton）提出了一個模型，認為物理現實是由微小、固態的球體所組成。道爾頓稱這些球體為原子（atoms），出自希臘語 *atomos*，意思是不可分割的。各種元素分別由相應類型的原子所構成，而像鹽這樣的化合物則由不同類型的微小堅硬實體組合在一起。雖然道爾頓為他的理論帶來更現代感的化學味道，不過他仍緊緊依循德謨克利特的腳步前進。兩人都認為他們已經找到了宇宙中最終不可分割的粒子。

一個世紀過後，即便發現了電子，原子的科學模型也出現了翻天覆地的變化，但人類對日常事物堅實的感知依然不變。一八九七年，另一位英國科學家約瑟夫・湯姆森（J. J. Thomson）正投入進行陰極射線管實驗，這項發明也成為之後數十年電視螢幕和電腦顯示器的核心。湯姆森藉由對帶負電的電極施以電流，然後研究這樣放射出的電子在磁場和帶電板影響下產生的變化，結果發現，由此產生的粒子遠遠小於整顆原子，因此肯定它們是原子的碎片或片段。更具代表意義的是，換一種電極材料，讓粒子從不同物質放射出來，對它們的行為並不造成影響，這表明它們具有普遍性質。

湯姆森偶然發現了所有元素都具有的次原子粒子，同時證明了原子並不是無法分割的，以及元素並不是由本身特有的原子所構成。更重要的是，電子的短暫特性表明原子並不是實心的——它們的組成具有某些瞬息即逝和不穩固的特性。

這個直覺很準確，卻也不能取代我們所有人熟悉的堅實性的日常體驗。電子這些游離的小碎片，被想像成是牢牢地嵌在一堆正電荷之上，這才讓它們受到約束。原子從一個簡單的堅硬球體轉變成了一種「葡萄乾布丁」——不再是不可分割均勻物體，而更像是鬆軟的甜點。按照這個模型，原子就是個正電荷麵包團，裡面嵌著許多帶負電荷的葡萄乾，整個系統沒有淨電荷。不過這裡的關鍵詞是「整個」。就算原子不再是不可分割的，它依然是結實的，所有的組成部分都緊緊地結合在一起。

人們很難想像相反的模樣。畢竟，我們周圍的物體都是堅實的，我們自己也是。舉起手擺在自己面前，你會注意到它的兩個最明顯特徵。首先，它不容易被物體穿過。如果你盡力去嘗試，或許能夠穿透，但你可能得進醫院。所以我們的確是貨真價實的堅實物質。第二，你無法看穿你的手。但如果你拿一支強力手電筒擺在一側，或許能透過半透明肉質構造看到另一側的亮光，但那種昏暗、混濁的光線，強化了我們的信心，我們果真是由硬質的材料所製成的。

這份堅守了千年的信心，卻由於湯姆森的研究成果而開始鬆動，但還需要再一個世代才會真正瓦解。一個關鍵變革的推手是物理學家歐內斯特・拉塞福（Ernest Rutherford），他是湯姆森的學生，他嘗試從一塊金子裡面探尋原子的祕密。拉塞福將一張金箔懸掛在真空中，向它發出一束α粒子——這是他早先發現的一種輻射。他的實驗夥伴包括漢斯．蓋革（Hans Geiger），這時蓋革已經造出能測定α粒子的裝置，另一位是蓋革的學生歐內斯特．馬斯登（Ernest Marsden）。

實驗中，這些α粒子（其實就是帶正電的氦原子核，包含兩個質子和兩個中子，但不含電子）湧向金箔。這樣做的同時，蓋革和馬斯登使用他們的機器來計算穿透箔片的粒子數量。他們發現了令人驚訝的現象：大多數α粒子直接穿透金箔，但有一小部分卻沒有，它們或是以大角度飛離，或直接朝發射器的方向反彈回來。這些觀察結果的唯一解釋就是，金箔中有某種物質排斥了這些粒子。那種物質一定是帶正電，因為相同的電荷會互相排斥。但為什麼只有少數α粒子（帶正電的氦）偏轉，而絕大多數能直接穿透金箔？α粒子又怎麼做到能貫穿堅固的金子？

最佳的解釋是，黃金其實並不是實心的。它的原子構成中包含一個帶正電的部分，也就是原子核，但與整個原子的大小相比較，原子核是如此細小，以致只有很少部分的α粒子跟它互動。拉塞福計算之後，發現原子核大約只占原子大小的萬分之一，這意味著對於α粒子來說，原子體積的百分之九十九以上都是空的。換句話說，原子根本不是葡萄乾布丁——不是帶正電的介質裡面零星點綴著帶負電的電子，而是一個帶正電的中心節點，周圍幾乎什麼都沒有，只有少數電子飛馳環繞。

拉塞福在一九一一年發表了革命性的全新原子模型，不過某些早期信念卻仍然保留了下來。特別是，拉塞福並沒有質疑原子核或電子本身的堅固性。在此同時，在丹麥做研究的尼爾斯．波耳

（Niels Bohr）則讓我們更加深了對電子的認識，而這也似乎鞏固了舊有的堅固性理念。波耳發現，電子只能擁有特定數量的離散能量，舉例來說，要麼一個單位的能量，要麼是十個單位，中間任何數量都不行。這就好比你要麼飛快奔跑，要麼緩慢行走，沒有中間速度。儘管這項發現看來彷彿很深奧，但卻具有重要的意義，開闢了一個嶄新的原子觀。波耳的發現還表明，拉塞福原子模型中，環繞原子核的電子位置並不是隨機的；事實上，電子與原子核之間的距離是由各電子的特定能階所決定。

這種原子模型的模擬圖像，就跟我們對行星如何環繞太陽運行的想法完全一致，物理學在最大尺度和最小尺度上，形成一種美妙的共鳴。人類的心智喜歡這種整齊協調，它讓我們的知識變得優雅而對稱，而且還意味自然界中有著一致性的設計，從宇宙到原子都一樣。因此證據表明，原子就像我們周圍其他的一切事物一樣，可以被碰觸、看到和理解。

然而，正如科學家們逐漸認識的事實，自然界並不在乎我們的美感。波耳有關電子離散能階的理念是正確的，但後來的其他實驗也表明，那些微小的粒子實際上並沒有如此整齊的軌道——原子並不是微型的太陽系。事實上，電子不僅沒有嚴格的軌道，就連它們自身也不是剛性的。

這項驚天動地的大發現來自法國物理學家路易．德布羅意（Louis de Broglie），他發現電子具有一種分裂的性格：有時它們表現得就像纖小的堅實球形物質，很容易與我們對世界的古老感知相吻合；但有時它們卻又表現出像是波在池塘水面漣漪起伏。這對尋常的物質觀是個巨大的挑戰，因為我們不會將波的振動和粒子的離散視作同一種東西。

儘管如此，人們還是可以說服自己，一件物體有時可能表現得像粒子，有時候又表現得像波。畢竟，水在足夠高的溫度下是流動的，而在足夠低的溫度下則是固態的。然而這時候發生了更奇怪的事情，科學家很快就發現，電子並非有時候是粒子，有時候是波。事實上，它們同時是粒子也是波，你可以根據你實驗的類型，凸顯其中的任一種屬性。

這就是原子的量子觀的起源，由兩位德國物理學家維爾納・海森堡（Werner Heisenberg）和埃爾溫・薛丁格（Erwin Schrödinger）揭露了原子複雜性的神祕面紗。關於量子理論的一個推論——對於那些信奉傳統觀點的堅定支持者來說是巨大的打擊——也就是你無法確定一顆電子在特定的時間點的明確位置。如果你戳一戳它，它似乎會在你的實驗裝置中完全靜止不動，看起來就像位於某個特定的點，就好像你的椅子和桌子那樣。然而事實證明這只是實驗的產物。實際上，電子散布在原子核周圍的各個點，我們只能知道在某個時間點，一顆電子出現在某處或另一處的機率有多高。這就像你問我人在哪裡，我回答說有五成機率我人在愛丁堡機場，但也有五成機率在我的辦公室裡。在我們日常生活的物質尺度裡，我這麼說只會讓人擔心我的精神健康。但是在量子世界裡，這卻正常不過。電子並不是在明確的軌道上移動，而是在原子核周圍如鬼魅般占據機率場（probability field）。但當你刻意去尋找它們，它們就會固定下來，否則它們永遠不會在某個特定的位置上——它們只是以不同的機率出現在任何的地方。

這種觀點的意涵很容易被忽略——我們幾乎所有人對它都視而不見，幾乎始終如此。但是當你仔細想想，就會意識到，量子理論徹底改變了我們對於物質是什麼的認識，並做出驚人的重大修正。試想想以下的觀察：你眼中所見站在公車候車亭中或從雜貨店走出來的那個人，是由原子組成的，這些原子的體積幾乎完全由鬼魅般電子機率場組成。當然了，不要將量子尺度的這種奇怪層面與日常生活尺度上發生的事件互相混淆，那是某些偽科學家最喜歡做的事。咖啡館裡你的那位朋友確實坐在你面前，並不是分散在不同地方。然而，構成她的每顆原子核周遭的電子，依然是無法精確定位的。她的物質自我主要是一團模糊的電子機率場。換句話說，她的大部分體積都是幻影。她確實是個鬼魅，而且你也是。

為什麼這跟我們的日常經驗相矛盾？讓我們回到你身體看似相當熟悉的兩個特徵。首先，要讓東西穿透你的手並不容易。儘管你只是一團機率，不過當原子彼此非常貼近時，它們之間就存有極強的排斥力。在不同原子中，帶相同電荷的電子會互相排斥，同樣道理，帶正電的質子也會互相排斥，因此物體並不會逕自穿透彼此，這讓它們呈現出一種確鑿的堅實感。即便我們施加充分推力，贏得一趟去醫院的機會，我們仍然沒有征服堅實性，而只是將一個堅實的東西分割成多個而已。

我們認知的另一項特性，還進一步強化了「事物占據了固定空間」，那就是固體跟許多液體都具備很明顯的不透明性。在光照下觀看你的手，你所見到的是數以兆計的纖小粒子（也就是光子），從你的手上湧出。它們或許是從你的燈光展開這趟旅程，不過一旦撞擊你手上的原子時，它們就被反射出去，到最後才（實際上是非常快速地）進入你的眼球，接著進入你的視神經。現在這本身就是個量子兔子洞，因為光子不像撞球桌上的撞球那般只是在原子上反彈。實際上，光子是被原子的電子吸收，然後又被拋射出來。光在微觀尺度上如何反射的細節，唯有量子物理學家才需要關切；從我們的視角來看，重要的是原子這種吸收光子又把光子往外吐出的習性，讓物質看起來就個堅實的固體。

正是這種鬼魅般的物質的排斥力，以及它們對光的反應，迷惑了我們，使我們深信物質必定具有連續性。這種幻象如此強大，以致我們無法用其他方式來體驗世界。不過，你依然可以訓練自己用不同的方式來思考。例如在咖啡店仔細觀察你朋友的長相跟外觀，穿透光子和原子間排斥力的面紗，將她視為一團鬼魅般幻影，裡面包含了數以兆計的不可見的原子核，周遭環繞著虛無飄渺的機率場。我向各位擔保，一旦你用盡你的一切想像力，努力設想三到四回，你也就再也不會用同樣的方式來看世界了。就連蘋果看起來也不像從前的模樣了。

一九五二年，愛德華．珀塞爾（Edward Purcell）因發現核磁共振而獲頒諾貝爾物理學獎。核磁共振現象如今已用於探測細菌分子結構以及人體內部構造供醫療診斷。在諾貝爾獎頒獎典禮上，珀塞爾提起他發現的那種共振現象：「這種微妙的運動，竟然存在於我們周遭所有普通事物當中，就此我心中湧現的驚奇和喜悅感受，至今仍未消失，這種現象只對尋找它的人顯現，」他向與會來賓表示。「我記得，就在我們做第一批實驗的那個冬天，也就是七年前，我用新的眼光看待雪。當時雪蓋滿我家門口的臺階周遭，大堆的質子在地球的磁場中靜靜地前進。我眼中的世界瞬間展現成豐富又奇異的事物，這正是這許多科學發現帶給我個人的獎賞。」

當然，能夠採用這種方式看待世界，並不意味著一定會有重大發現。率先以嶄新方式看待周遭事物是一件美妙的事情，但我們任何人都可以盯著一堆雪，在瞬間看到微小的原子粒子在寒冬清晨自旋、迴轉。珀塞爾或可教導我們這樣做，但是他並不是唯一擁有這種洞察力的人。這種洞察力是科學努力的成果。有了科學的滋養，我們可以爬出柏拉圖的洞穴，看到事物的真實面。我們對世界的認識，並不一定都會打破我們原本的世界觀，但有時候會。至少，它解釋了我們的經歷。在恍然大悟的時刻，我們意識到的並不是我們一向活在謊言中，而是看似簡單的事，實際上是一場壯觀的景象，是繁複潛在的現實經過提煉而成的演出。我們每天都在這個劇場度過。

這就是為什麼我認為柏拉圖的洞穴比喻，就算過了兩千五百年，依然很了不起。在他看來，洞穴壁上的影子並不是一種欺騙，更不是錯覺。它們是真實的現象，只不過在它們的背後還有一系列其他的現實：走路經過的人、他們路過時所阻斷的光線，以及剩下來還能照射到洞穴壁上的殘餘光線。我們感知得到的影子，其實是來自一些難以感知到的事物（例如光子）的特性。而且那些事物儘管我們無法感知到，卻同樣是組成世界的一部分。在某種意義上，我們現在已經離開了洞穴，也看到了路過的人，但我們明白，他們本身也是種光學幻象，是另一種形式的影子：經由光子的反射，原子的排斥作用，所有這一切都在我們腦海中投下了不同的影像。然而，藉助科學的工具和方法，我們已經能夠剖析這種新的扭曲，看到我們鬼魅般的形象的真正本質。但我們不應該自滿，我們應該繼續思考，在我們自己的感知背後，還可能隱藏了哪些宇宙真相。

我希望你能嘗試另一種看世界的方法，或許有人會認為這又是另一種層次的奇怪幻想。但如果你有時間，我想邀請你嘗試看看。說不定你之前也曾經想過，地球上有智慧生命是多麼了不起。現在思考一下我們周遭的環境，再思考宇宙的起源，然後自問宇宙其他地方還有智慧生命嗎。如果你花一點時間嘗試這種想法，你就會陶醉其中，並且意識到其中充滿了潛力。現在將這種想法與我之前鼓勵你思考的那些想法融合在一起。

請先考慮一下，你看到的所有事物其實都是百分之九十九以上空無一物的物質雲，散布在地球上的電子機率場。而地球本身也不過就是在一片電子機率場汪洋中無數質子和中子的結合。行星上的這些鬼魅般電子雲彼此交流，想要知道在近乎真空的宇宙中，還有沒有其他可互動交流的電子機率場。這些鬼魅般電子雲用機率場之間交換的能量，來計算、視覺化並預測它們所處宇宙的性質。這實在令人驚奇，竟然會有這樣的事情——那些生物其實並不是生物，完全就只是機率場，竟然能夠知道任何事情。這些機率雲霧將其他電子機率組合起來，形成了粒子加速器，用來相互碰撞並研究次原子粒子，也造出了巨大的射電望遠鏡，用來蒐集來自宇宙遙遠區域的光子。這個活生生的世界，這整個宇宙，不過就是粒子及其機率場的交互作用而已。

當我第一次很有意識地面對現實事物的飄渺本質時——我的意思是，那是種非常具體的體驗，以至於我在處理日常事務時，腦海中也經常浮現那樣的意識，這種奇妙且永恆的感覺讓我非常震撼。這種感覺從未消逝。我依然喜歡在街頭漫步，想像身旁行人的真實面目：鬼魅忙為自身的事情奔忙，我周遭的機率雲大部分是空無一物。倘若我感到一團電子雲很美，或者在一抹微笑當中偵測出了量子機率函數，這時我的神智是否已經不再清楚了？要不要設法惹惱一團電子雲來取樂，看一批虛空的機率函數集合體被激怒生氣不是很好玩嗎？不過，我試圖克制不表現這種行為，因為我也能沈醉在機率集合體表現出彬彬有禮的荒謬性當中。次原子實體彼此友好的想法本身就有令人愉快的荒謬之處。整體來說，我得到的結論是，允許你自己這個虛無空間和機率函數集合體去感受一下他人的想法是值得的，否則，現實有可能會難以承受。

尋找外太空生命的振奮激情很容易讓我們分心，當然了，與我們母星世界之外的任何實體接觸，也都會是科學上的重大事件。但是我們也絕對不應低估，反身自省所能夠發現有關生命和宇宙方面的信息。物理學向我們揭露了我們自身有如鬼魅般的形式，顯示我們比科幻作家所能想像的最離奇的外星生物還要奇特。當我們向內觀看的時候，我們可以在自己體內找到外星人。

外星人的動機是什麼？既然我們還沒有遇過外星智慧生命，或許那是因為他們只想觀察我們，不願意出手干預——就像參觀野生動物園的遊客那樣。

Chapter

9 我們是外星動物園的展品嗎？

Are We Exhibits in an Alien Zoo?

搭了趟計程車從斯溫頓火車站（Swindon railway station）前往設於北極星大廈的英國太空署（UK Space Agency）。

我對斯溫頓認識不深。那是大英聯合王國科學研究委員會的所在地，但我從來沒有真正熟悉過這個地方。我鑽進計程車後座，車子飛快穿過一個圓環，再從一座橋下通過，這時我想我應該要問問司機。

「斯溫頓。你覺得斯溫頓怎麼樣？」我問。

我的司機咯咯笑了，挪了挪她的坐姿。

「我喜歡這裡，」她回答道。她坐直了身子，理了理燙捲的黑髮。她穿著一件有點皺的綠色皮夾克，彷彿在傳達她對這個地方的自豪。她打扮得很體面，表現出一九八〇年代風格。我猜想在那個年代，她就是在一處類似斯溫頓的地方度過年少時光。

我沒有理由反駁她。那是一個灰濛濛、天氣不太好的日子，但這座城鎮看起來還是相當宜人。有幾個人在酒吧外徘徊，另有一群人聚集在一處大型食品市場旁邊。一個十幾歲的女孩站在帳篷門旁，一邊咀嚼著香腸卷，一邊讓她的朋友幫她編髮辮。

我正要去主持一個審查資助提案的委員會，我的心思集中在我即將要閱讀的許多文件。作為科學家，這是身在學界應該付出去完成的任務，因為其他人也曾投入過精神和時間去審查你自己提請資助的研究案。但這並不是個讓人振奮的任務，我的心情並不那麼輕鬆愉快。

「今天有什麼讓你振奮的事情嗎？」我的司機問道，打斷了我的恍惚。

「我要去評審英國太空署的資助提案，」我回答。「我可不會用感到振奮來形容這件事，但這是必須做的。說真的，讀一下別人正在做的事情還是相當有趣的。你知道，好比在火星上尋找生命，建造研究火星大氣的儀器這類事情。這是個太空探索的審查小組。」

「在我看來還相當令人振奮，」她反駁道。「你不能對這樣的工作嗤之以鼻。」我意識到她並沒有錯。接著她補充說道：「但火星人。我希望你們不要找到他們。」

「為什麼？」我納悶。「你不覺得在火星上找到某種生命會很棒嗎？」

「我看過電影《世界大戰》，」她繼續說，「而且我們都知道會發生什麼事。有時候你不應該期望太多。他們有可能很危險。」

外星人確實有可能很危險，當然了，流行文化就是這樣描繪他們。幾乎在所有關於外星人的電影中，他們大都是搭乘令人驚嘆的飛船，心懷叵測來到地球。在一九九六年的電影銀幕上，美國戰鬥機奉派緊急起飛，制止一支外星人炸毀白宮，結果誕生了一個全新的獨立紀念日（編按：此指電影《ID4星際終結者》）。一九七九年，雷利・史考特（Ridley Scott）為我們帶來了電影《異形》（Alien），內容講述一種能在不幸受害者的肚子裡孵育幼仔的超高效外星捕食者。片中雪歌妮・薇佛（Sigourney Weaver）對著攻擊她一名船員的異形大喊：「離她遠點，你這個賤貨！」我如果遇到外星人，可不會這麼沒禮貌。透過這些例子，遇到一位把跟外星人接觸視作潛在危險的計程車司機，我並不感到意外。

學術機構殿堂也從來沒有對接觸風險掉以輕心。嚴肅的科學家們提問，向太空發射無線電訊息，宣告我們在這裡或者鼓勵外星人來訪是明智的嗎。倘若「你好，我們在地球這裡」，被誤譯為「我們這顆星球適合像我們這樣的複雜智慧生物，也許地球對你們也會是個很棒的殖民地！」這會發生什麼事呢？是不是該有個國際協議或某種共識程序，來規範向外星人發送訊息？這些顧慮似乎有點誇大。畢竟，真有外星人的機會能有多大呢？就算他們在外太空那兒，我們真的相信，一個錯誤的訊息就會毀了我們嗎？不僅如此，早在一九二〇年代，我們就不斷向太空發送無線電訊息了，所以現在要想補救，或許已經太遲了。當然我們並不是刻意要跟外星人交流，但我們傳送的訊息，依然有可能傳進意外的聆聽者耳中。這些訊息向太空發散時，它們按照平方反比定律降級為隱晦的雜訊。這意味著，每當傳輸距離加倍，信號強度不是減半，而是減弱為四分之一。然而，倘若外星人擁有足夠強大的接收器，他們或許聽得到遠達一百光年以外的我們所發出的第一則無線電廣播。與我們相隔約八十三光年，環繞巨蟹座$\zeta 2$運行的任何行星上的生物，現在有可能正在聆聽希特勒在一九三六年柏林奧運會上的激昂演說。我希望他們能舉止合宜、不為所動。

在我們焦慮有可能不小心惹來某些邪惡的外星種族之前，或許我們應該至少先找到外星人。「我了解你擔心他們可能很危險，」我說，「但首先你認為外太空有外星人的可能性有多高？」

「喔，我想有，是的，肯定有。那是一定的，對吧？有那麼多星星，如果我們還自認為自己是獨一無二的，那就太瘋狂了。」她答道。

同樣的想法也曾在恩里科・費米（Enrico Fermi）的腦海浮現。費米是二十世紀偉大的物理學家，他發明了第一個核分裂反應爐。費米出了名的擅長提出簡潔有力的問題，這些問題都沒有簡明的答案，卻能引人深思。其中最著名的問題是：外星人都在哪裡？仔細想想，我們沒有遇到他們真是太奇怪了。就在過去一百年左右，我們的文明從馬和馬車，轉型發展到已經能踏上月球的太空人。若說我們在一百年內就能做到這一點，一個外星物種在一百萬年間，能夠做到什麼程度？費米理所當然地認為，如果銀河系中有其他文明，那麼肯定會有比我們的更古老、技術更先進的文明。只要時間充裕，肯定有某種外星人能夠實現星際旅行。那麼為什麼與外星人接觸並不常見呢？為什麼沒有外星人頻繁降落在愛丁堡，跟當地人聊天，品嘗哈吉斯碎肉腸，再喝上一罐冰鎮「Irn-Bru」氣泡飲料？

這道引人深思的問題後來稱為「費米悖論」，不過這是個誤稱。這其中並沒有邏輯矛盾，說不定只是因為外太空並沒有外星人，所以我們沒有溝通的對象。或許當初把這道問題稱作「費米之謎」會更恰當。不過，不論我們怎麼稱呼它，在我們開始擔心邪惡的外星人之前，首先我們必須解決費米悖論。

我的司機對費米悖論做出了一種暗黑的反應。想像宇宙中確實有種邪惡生物四處橫行，或許就像雷利．史考特的異形。他們穿越星系尋找其他生物來吞噬、摧毀或征服。就好像野豬若過於張揚，就會被野狼跟蹤；同樣道理，當某個文明發出聒噪聲響，也會被盯上，於是就有可能被排入惡意造訪的名單。這其中有雙重的教訓。首先，保持沉默就能生存，所以或許我們很幸運沒有更強大的能力發出響亮的噪音。其次，若就演化的意義來說，沉默能獲得天擇，讓文明免受掠食性外星人的摧殘，那麼我們也不大可能聽到星系外有哪些決定讓外界聽見的夥伴。這或許能解釋，為什麼始終沒有外星人降落在時代廣場。保持沉默的物種能遠離危險，而在宇宙中四處游蕩的物種就會受到攻擊，他們若積極對外聯繫，最終會導致自身滅亡。

但說真的，我們應該認真看待這種想法嗎？一方面，外星人具有掠奪性並不難理解。畢竟，我們人類自己就具有攻擊性。我們擁有足夠的原子武器可摧毀地球上的每一座城市；真有任何人有資格對外星人的敵意感到震驚，那個人也不會是我們。不過有關外太空異星生物經過演化已懂得保持靜默，以免引來某種恐怖宇宙殺手的觀點，我覺得是有理由質疑的。儘管我們自己有衝突的傾向——儘管達爾文的物競天擇也可能對這種行為產生影響——但有關狂暴肆虐的頂級外星生物的概念，似乎並不非常可信。他有什麼動機？橫越星系不假思索地沿路破壞似乎完全沒有意義。即使是像我們人類這般有能力遂行破壞的種族，也不太可能發動任務深入星際太空去殺戮其他種族，除非他們對我們構成直接威脅。即便我們有很強的動機——好比，將我們認定可能成為第二家園的行星清空，把上頭的外星物種驅離——我們依然會三思而後行。因為要在不損害我們希望棲居的生物圈條件下，將外星人清除，會是多麼困難的事。若說我們不能完全排除費米悖論所謂接觸外星人的危險，要想像出一種現實的衝動能驅使某個物種做出星系級的惡毒罪行，依然相當困難。

有關外星人侵略的說法還有一種比較可信的轉折，那就是在他們來到地球之前，他們就會先自我毀滅了。既然我們有能力犯下這種毀滅性的錯誤，為什麼其他的文明就不會呢？一個技術足夠先進，得以達到星際成熟度的文明，也會是個能夠自我毀滅的文明。事實上，進入太空所需的技術——火箭——也恰好是用來向行星投彈轟炸的技術。於是，具有行星級毀滅規模的能力在進行宇宙擴張的同時，同樣也不可避免自帶了毀滅自己世界的能力。或許這就是有能力進行星際接觸的外星生物所會遇上的險阻，他們要侵略的星際目標會因為國內戰爭而耽擱了。或許我們跟外星人接觸的危險，也正是外星人對自己所構成的危險。關於這一點，人類對這類危險實在領略夠深了。

那麼，是否僅只思考費米悖論就會導致悖論？此時此地，我正和一位計程車司機討論憤怒的外星人。如果你太認真，你有可能擔憂得讓自己同意一種觀點，認為嘗試與外星人交流是個壞主意。確實，我想不出什麼好理由可以解釋，為什麼會有外星人要到處去滅絕其他物種；但你永遠也無法預料。小心總比後悔好。外星人理所當然也可能會有同樣感受：他們至少和我們同樣先進，因此也同樣會過度謹慎。因此，或許在銀河系的某個地方，有一群長了綠色觸手的八腳生物聚在一起討論「佐格悖論」（Zog's paradox）。你知道的，就是那位推測為什麼外星人沒有拜訪納克納爾3號（Naknar 3）星球的著名生物化學家佐格教授。（編按：佐格教授跟納克納爾3號都是作者杜撰的。）

倘若所有物種都這樣做，那麼費米悖論就會自我應驗。所有這些偏執的物種，全都在反覆思索發出任何聲響有可能帶來的災難的後果。於是，真正的災難就是，沒有任何文明想嘗試與外界接觸，即便他們有能力做到。所有的智慧物種，都因為恐懼而陷入孤立。因此若是說那不是個真正的悖論，起碼也是個悲劇性的反諷。

那有沒有更有趣的一種可能？「如果外星人就在外面，但我們看不到他們，」我對我的司機說道，「說不定地球只是個動物園，外星人週末帶著孩子來看奇怪的動物，也許還吃著外星冰淇淋，目瞪口呆地看著人類發出有趣的怪聲？」她看了一眼後視鏡，確認我並不是在取笑她。我沒有。這是個嚴肅的問題。

「我想他們一定會覺得看我們很無聊，」她指出。「他們最好去一間真正的動物園。」這是我之前從未考慮過的觀點。外星人從遠處觀察我們，結果他們卻分心了，迷上了企鵝和貓熊等動物，然後整個下午都在觀察愛丁堡動物園或某個野生棲地。這可真是諷刺，但也相當合理：我們不該假定我們是這個星球上最有趣的物種。

我和司機的對談有點超現實，但並不愚蠢。我們針對為什麼我們從未聽到過外星人的消息，指出一個可能的原因。因為，如果殘暴的外星人會讓宇宙噤聲，那麼善良的外星人也同樣可以。或許外星人關切我們的福祉，體認到現身露面有可能干擾人類文明，對我們這個物種的發展造成有害後果，因此他們保持距離。就像一個人在安全距離之外觀察螞蟻群一樣，外星人也可能正興致勃勃地觀察我們的生物演化和社會發展進程。他們做筆記，從不同角度觀察，並且尋思——但他們從不介入。地球就像個行星規模大小的動物園，在禁止餵食動物的星際法規監管下，展現它的動、植物群系。唯有當我們實現星際飛行並航向黑暗的太空，我們才能獲准加入這個動物園觀眾的行列。誰知道呢，或許這些年來，我們的星球動物園管理員一直在幫助我們，制止掠食性外星人入侵，也得以讓和平的外星人觀察地球，並學習他們感興趣的一切。

這些對外星人性格和動機的相關猜測，有助於我們思考費米之謎。但歸根究柢，或許外太空那裡根本沒有我們必須應付的外星人，不管他們具有什麼樣的傾向。也或許跨越浩瀚星際距離的技術，不論是以太空船或者是可供利用的通訊傳輸，挑戰實在太過巨大，以至於我們和（即便是很先進的）外星人之間的距離鴻溝，仍然永遠無法跨越。在我們駛入一處圓環，進入周圍遍布綠葉和雜亂枝幹的圓形廣場時，這些比較受限的想法浮現在我腦中。我把這種可能性告訴了我的司機。「就算他們希望來這裡，仍有可能因為相隔太遠而辦不到，」我指出。「這太困難了。」

「好喔。那我就安全了，」她竊笑道。思索過外星生命的人，當得知永遠無法接觸到外面的其他生命，大半都會失望。但這裡有個明理的人，因為能擺脫一個星際問題而感到欣慰。或許我們外星人愛好者有必要學習面對失望。

從這樣令人深思的可能性當中可以獲得一些東西：謙卑。在現代，我們已經失去了對謙卑的體驗。我們的文明被一種所有問題都能解決的感覺所籠罩。隨著科學方法在十七世紀萌芽，人們開始認為，就算最困難的問題，我們也都能夠解答。這種信心到了維多利亞時代和二十世紀，受到工程方面的成功所激勵，還更進一步強化了。讓我們面對現實，這些進步令人印象深刻。例如，抗生素的發現徹底改變了我們的生活，減少了以往最微不足道的感染所釀成的死亡率。兩百年前無法想像的事情，好比用微波爐煮雞肉，這種看不見的神祕電磁輻射，直到一八八八年才被發現——有時微妙地，有時戲劇性地改變了我們的生活。

確實，我們漸漸相信人類技術創新的能力永無止境。就像我們從馬匹和拉車進步到汽車和飛機，有一天我們也會進步到星際飛行，就像其他宇宙智慧文明那樣。但如果這一切是人類的狂妄自大呢？是否有一天我們會面臨迄今未曾得知的事物，例如某種技術上限？與我們最接近可供外星人居住的行星，有可能和我們相隔數百或數千光年之遙。到目前為止，我們還完全不知道該如何以光速飛行；就算我們辦到了，那也得經歷人類的好幾輩子才能抵達那些行星。而在宇宙尺度上，那些行星只能算是我們的近鄰。障礙實在太多了。假設我們能夠集結巨大能量，促成一艘太空船以高速行進，甚至達到光速的十分之一，這樣它只需要八百三十年就能到達巨蟹座ζ2。任何以這樣極致高速行進的太空船，只要撞上了星際物質，就算是最小尺寸的顆粒，太空船也會撞成碎屑。

毫無疑問，樂觀的工程師們正在想方設法克服速度和距離上的挑戰。有些人認為，我們說不定能夠突破終極物理障礙，實現超光速旅行。這個想法是我們可以將一艘太空船送入蟲洞，也就是宇宙底層時空連續體中的扭曲現象，可以讓太空船在一個地方消失，並在我們選擇的另一處地點重新出現。這純粹是理論上的一種可能性，實際上該怎麼辦到，我們還是一無所知。另一個夢幻般的前景是扭曲太空船前方的時空，將浩瀚距離在虛空中坍縮成短距離的跳躍。有種裝置有可能實現這項壯舉，那就是阿庫別瑞引擎（Alcubierre drive），名稱得自提出這項概念的理論物理學家米給爾·阿庫別瑞（Miguel Alcubierre）。然而，阿庫別瑞的構想源於超凡的、純理論的物理學原理。我們甚至不能確定，他的物理理論能不能用來描述我們的宇宙，更別提我們能不能設計打造出他想像中的技術。歷史告誡我們不要輕率地排斥未來的技術可能性，就好像曾經有人認為，以超過每小時四十公里的速度移動，就會讓人喪命。但光速並不是什麼任意的、人類自我強加的限制。超光速行進可能真的是一個無法逾越的障礙。

存在這樣的障礙絕非毫無道理。物理學本身並非毫無限制，物理定律對宇宙的物質施加了種種不同的限制。我們對這些界限的理解，讓我們能夠製造出所有令人印象深刻的小玩意兒，但物理學也同樣對工程學施加限制。如果我們繼續擴展我們的能力，那麼到了某個時候，我們就會碰到邊界。超光速旅行可能就是那個極限。如果是這樣，那麼這個極限就不只約束我們，也同樣適用於外星人。他們也可能被孤立在宇宙令人麻木的浩瀚無垠當中。就像我們自己的工程師，他們的工程師也同樣對物質和能量的有限可能性束手無策。

解決這個問題的一種方法是慢慢來：接受物理學的限制，接受從起飛到降落需要耗費的超長時間。如果你想以百分之一光速，也就是大約噴射客機的一萬倍速度，旅行到一顆跟地球相距一萬光年的恆星，會需要大約一百萬年。從個別有機生物的角度來看，這是段很長的時間，卻也在地球上一個物種的典型壽命範圍之內。這數字告訴我們，耐心和堅持可以讓你走得很遠。不過會有任何物種能夠耐受這樣的旅程嗎？真能夠把成千上萬人置於密閉的太空船中，將他們送上黑暗、冰冷的虛無太空，航行一百萬年，並期望未來世世代代依然能驅動他們達成極端久遠祖先的古老使命嗎？

人類對孤獨的耐受能力是有限度的，到時我們的生理和心理極限就產生作用。我們對這些極限的了解，得歸功於曾經投入歲月深入南極的科學家所做的研究。他們和他們的支援人員，都曾接受醫生和其他熱衷研究人類耐力極限的研究人員所執行的密集檢查。在寒冬月份的永夜，一連串心理問題開始陣陣浮現。抑鬱、孤獨、衝突和精神徹底錯亂，伴隨著身體健康衰敗同時被觀察發現。在孤獨的壓力下，免疫系統毀損，激素蒙受壓力導致不正常狂飆。當然，身處南極的群體一般規模都很小，這是事實。若想要穿越浩瀚的星際空間，最好是乘坐運載數千人的國際級飛船。這樣做或許可以防止旅客陷入孤獨瘋狂處境。然而，考慮到人類心智和體質的脆弱性，我們仍然不能確定，全船的數千或數萬人，能不能夠在漫長歲月的航行途中，抵禦年齡和旅程所帶來的衰敗。

其他潛在的解決方案，好比基因工程和激素修改，本身也連帶造成了一些問題。假定我們可以以人工方式規劃人類抑制所有情感，讓他們唯一的命定目的就是帶來新生一代好繼續航行，如此一來，在與世隔絕的生活當中，他們是否就不會陷入生存的恐慌？但這樣的人，真的就是我們想要派遣去肩赴重大使命，探訪星際的人選嗎？同樣可能出現的情況是，一個人若缺乏情感，有可能會在其他方面遭受損害，導致無力完成任務。

然而，即便這些挑戰都能夠克服，我們仍然要面對一個問題，那就是我們或外星人為什麼要踏上這樣的旅程。當母星發生了極端緊急情況，或許就有必要遷移而跨越嚴酷的宇宙汪洋。但這不會是一趟探索之旅。目標不會是首次接觸，而是一個可以安身立命的地方。我向我的司機提出這樣的主張。我告訴她，或許「他們沒有動機要跨越浩瀚的宇宙。就是這麼簡單。」

我的計程車司機對這種可能性似乎放心了一些。危險或許已經解除。但現在看來孤獨會是問題。「我不希望他們帶來危險，」她回答道，「但若只有我們自己，沒有其他人可以交談。我也不想要那樣，」她帶著一絲哀傷說道。

我們在星系其他地區觀察到的寂靜，可以有好幾種假設來解釋，不過很可能最明顯的原因是，他們並不在那兒，或至少不在附近。這就是答案。繼續尋找外星智慧生命絕對值得我們投入，但我們可能會發現我們的努力有所不足。如果外星人真的出現，而且就像我們所期望的那般聰明，我們有可能會發現，他們並沒有太多理由想要摧毀我們，這樣想或許能帶給我們一些安全感。

我的計程車停在北極星大廈入口外。我感謝司機載我走完這趟旅程，但我卻讓她面對最典型的人性困境：要跟外人共存，無視結果的不確定性；或者甘於獨處？這些是我們和外星人都必須面臨的抉擇。

這塊黏土板是西元前三〇〇〇年左右在伊拉克南部製造，記載了有關工人啤酒配給的資訊。解讀外星語言至少與理解古代文字同樣具有挑戰性，但我們或許可以基於理解科學的共通能力來與非人類智慧生命交流。

Chapter

10 我們能理解外星人嗎？

Will We Understand the Aliens?

搭了趟計程車前往格拉斯哥大學（University of Glasgow）借了一臺拉曼光譜儀（Raman spectrometer），用來研究之前送上太空的實驗樣本。

那是二〇一七年一個寒冷的春天早晨，在這天的行程中，我並沒有和計程車司機交談太多，實際上我們的溝通失敗了。在格拉斯哥攔下一輛計程車時，有時你會發現，和你交談的那位司機帶了濃重的蘇格蘭口音。這是種抑揚頓挫變化很多的腔調，不過在引擎和車輪轟鳴聲中，透過玻璃隔屏傳來，再加上像我這種出生在英格蘭的愛丁堡居民對此一無所知，就真的很難聽懂了。

我的司機發表了一番評論，我猜想主題是針對天氣（我聽出了一個「nae」，卻不是

「no」，所有的「g」都沒有發音），他指向北方地平線上飄浮的一些烏雲。遇到這樣的時刻，我感到有點失禮，只能點頭微笑，發出一些虛弱的肯定來表達我的興趣。不過我想他至少和我一樣覺得很冷，他裹著一件黑色厚羊毛外套，脖子纏著紅圍巾，只露出一顆腦袋。若是我發現我和計程車司機都很難交談，那麼和外星人交談結果會更好嗎？我突然覺得，就算外星人遇到一群熱心的格拉斯哥人相助，認識了地球和他們的語言，或者他們只是待在外星飛船裡舒舒服服地觀看蘇格蘭電視節目，我們與外星人的「第一次接觸」，恐怕也會宣告失敗。

再次說明，我在這趟計程車上遇到的僅只是語言上的障礙，只要能夠克服這個問題，我和我的司機就會有很多可以討論的話題。我們有可能發現我們的分歧，但也可能發現我們的共通點。看來這種口語障礙也明顯會出現在與外星人的交流時，我們只需要找出一種與他們溝通的方法即可。不過一旦語言問題解決了，我們是不是就會有共通之處，就像我和我的司機那樣呢？或者我們和外星人的陌生感，會讓彼此完全疏遠？就算我們建立了一種可以交談的溝通方式，我們是否能夠理解他們的心態和觀點呢？

正如人們經常喜歡指出的觀點，或許人類與外星人之間的心智相逢就像我們與螞蟻的關係一樣。遠比我們優越的智慧生物，是沒辦法從我們口中實現理智的對話，就像你也沒辦法和一隻螞蟻、一隻大黃蜂，或甚至像狗這樣演化先進的生物進行高層次的交流。就算我們擁有遠勝過狗的智慧，我們要解讀一隻狗所發出的信號，也遠不如其他的狗那樣有效。外星人的情況也可能如此。就算外星人的智力水準與我們相當，那也無關緊要，重點在於外星智慧有可能在本質上與人類智慧迴異，致使第一次接觸變成困惑的沉默。

不過至少就某個層面，說不定我們和外星人是能夠溝通的，那就是科學。這很可能就是我們的共通基礎。這裡我要賭上一個風險，讓自己表現得像個支持理性力量的古代哲學家，為人類和野獸之間的區別去辯護。我要做的事實際上就是這樣，或者類似這樣。進行科學研究是人類大腦的一種能力，而且是地球上其他生物大腦不具備的能力。我不會試圖以神經科學的角度來解釋這種區別，也不會讓你轉移焦點，爭論我們跟黑猩猩有什麼明顯不同，還是說所有生物都有一定的認知能力，而人類只是略略超前我們的靈長類親屬，但與牠們並非完全不同。我只是想要指出，人類造出太空望遠鏡，而且圍坐一起喝茶討論宇宙的起源假設。除非你是漫畫家加里．拉爾森（Gary Larson），或是大部分時間都沉浸在他想像的漫畫世界（編按：拉爾森的漫畫作品以擬人化的動物角色聞名），否則你大概就會同意，牛和猴子並不會做這些事情。而這就給世界帶來了巨大的差別——或者我應該說，給宇宙帶來了巨大的差別。

不過人類的科學能力和我們與外星來客交流的能力之間有什麼關係呢？要理解這一點，我們需要更深入掌握「科學」一詞的含義，這個詞經常被人以種種不同方式誤用和不當處理。所以，我們首先要提出一個或許會令人詫異的見解：實際上並沒有所謂的「科學」這種東西。你經常聽到人們說，「科學已經表明……」或者，「科學不能解釋一切。」在非正式對話的情況下，這樣的說法並不算嚴重錯誤。儘管如此，這個說法對科學有很深的誤解，錯把它當成一個權威的知識體系。實際上，科學只是一種方法。一種方法之所以被視為科學，是因為它涉及從實驗和觀察中收集證據，然後基於這些證據建構出自然是如何運作的描繪。這個描繪有可能並不準確，也可能包含矛盾，但創建它的過程依然是科學的。一旦你有了你的描繪，你就可以用它為基礎啟發洞見，進而提出假設——以你的證據為本所做的猜測。這些假設本身可以藉由觀察和實驗來測試，又催生出愈來愈多的假設，不斷增長。

這裡有必要簡短說明這個過程是如何運作的。例如我採集了一個蘋果和一個柳橙，並著手研究它們的特性。在某個創造力洋溢的瞬間，我或許會想像出一種由蘋果和柳橙混合而成的水果，你可以把它看作是半蘋半橙，我們就暫且稱之為「蘋橙」。現在我有了一個假設，接著要開始檢驗。我可以外出到各個不同果園檢視眾多水果，搜尋是否存在這種神祕的「蘋橙」。這樣進行到最後，我要麼接受，要麼否決我的假設——我要麼有一個「蘋橙」的實例，證明有這種水果；不然我就會面臨沒有這種水果的可疑狀況。或許找不到「蘋橙」並不能代表世界上絕對沒有，但是在所有接觸到的果園中，全都找不到它們，起碼可以讓我認定「蘋橙」非常罕見。而且在還沒有出現相反證據之前，我有確切的理由相信，世界上並沒有「蘋橙」。

這個練習有個不容挑戰的原則，也是優秀科學家要嚴格遵循的原則，那就是你必須放下你的渴望和偏見，只接受數據告訴你的東西，特別是假使任何訊息都確切地證明你的想法是錯的。你或許期盼成為這種神祕的「蘋橙」的發現者，享受這種發現時刻帶來的一切名望和炫目光彩。但如果你觀察到沒有這種事物，就必須否決你的假設。你不可以假裝在偏遠的果園看到了一顆蘋橙樹，只是不巧它才剛死去，這是絕不能接受的。你也不可以在你的廚房裡純熟地用削皮刀或其他欺騙技倆製造出這種水果。即便你的蘋橙假設已經堅持了一千年，而且有十億人像你一樣堅定相信——只要數據顯示相反的結果，你就必須放棄它。

這就是科學的精髓。它並沒有十分複雜，然而人類卻花了驚人的漫長歲月才接納了這個簡單的過程。幾千年的迷信和宗教信條，衍生出其他理解自然的方法。例如曾經有人認為可以從茶葉看出宇宙的結構，或是能用雞的內臟來預言。縱觀所有過去的時代（其實現今也是），最盛行的依然是權威的觀點：事情就是這樣，權威人士是這麼說的。對於現代人來說，往往不解為什麼以往好像沒有人想過「這根本是一派胡言！我想知道事情是如何運作的——我總可以親自去查個清楚吧？」但有時候事後諸葛容易。許多人確實有過質疑，甚至還有些人嘗試採取行動。不過當然了，在大多數時候、大多數地方，都還沒有實驗室和準確的測量工具，也不一定都能看到長者起身支持。人類許多進步最終都出現在歐洲，但歐洲在很長一段期間都遠遠落後。直到十七世紀，科學研究機構在那裡誕生，出現了法蘭西斯・培根（Francis Bacon）和伽利略（Galileo Galilei）這樣的傑出人物，才為我們今天所知道的科學方法奠下基礎。

我確信，我們和外星人在科學方法方面是能夠達成共識的，也就是說，我深信外星人同樣也是藉助科學來啟迪他們對宇宙的認識。為什麼我如此自信？畢竟，人們常說科學只是認識事物本質的一種方式，其他方式也不該被忽略。不過這種說法雖然在修辭上很能引人共鳴，好像也是很普通的事實，然而它卻明顯忽略了一個要點，那就是科學方法對於我們認識宇宙有無法取代的作用。沒有人質疑你去使用其他方法，你的確可以諮詢雞腸或凝望你的茶壺壺底，又或者詢問某個特殊教派人士。但你必須捫心自問，這些方法有多可靠？能給你帶來經得起考驗的知識嗎？你能運用這些知識反覆檢驗，直到找出有用的理論嗎？換句話說，你能不能用你從雞內臟或非主流教派長老那裡得到的知識，提出可供檢驗的預測？如果不能，那麼你實際上並沒有任何系統化的方法去理解宇宙的物理運作。

跟茶葉和非主流教派長老不同，科學是一種歷程，而不是有潛在缺陷的智慧來源。這種歷程有一定的要件：首先，它要求我們觀察我們想要了解的現象，除非我們的目標是了解茶葉在熱水中是如何凋萎的，否則盯著茶杯並不符合這個要求。然而，當我們專注於我們想要更深入了解的現象時，我們往往能夠獲得相對更可靠的資訊。而非常重要的，也是雞腸跟非主流教派長老最欠缺的，就是當證據不利於你最偏好的想法，你要能果斷拋棄這種想法。再次強調，你探索周遭世界時未必需要這樣做。不過如果你的探究是為了要得到可靠的資訊，你就必須如此。科學方法之所以強大，在於它是個不斷提出問題，改進方法，修正觀點，進而完善我們認識大自然運作的知識歷程。其他的探究方法並不能促成這種完善的歷程，因此它們的發現也就比不上長時間運用科學方法所得出的結果那樣可靠。

現在，你大可以主張，你對宇宙的理解，永遠無法使用科學方法和工具來檢驗。再說一次，那樣講一點問題都沒有，因為沒有人會否認你主張自己觀點的權利。但是，如果你的知識不能以任何方式去檢測或評判，你會不會覺得這實在太便宜行事了？我們應該高度懷疑任何宣稱其本質無法被檢測的宇宙觀。

所以讓我回到之前澄清一件重要事情，當人們，特別是科學家，就「科學」已知什麼事情而提出某些主張時，實際上指的是什麼。當你聽到某人宣稱：「科學已經表明」，實際上他們的意思是，「經過收集並檢測數據歸結出的想法或觀點，引領我們得出當前這項認知。倘若往後發現了挑戰這一觀點的數據，我們就有可能斷定這個觀點是錯的。」如果你在晚宴上這樣小心翼翼地說話，別人可能會覺得你非常無趣，所以如果你想維持友誼，簡化一下措辭是可以理解的。但這裡的情況不僅只是對語言上某些微妙細節的精密解析；如果我們想要理解為什麼科學不僅只是理解宇宙的「某一種」方式，那麼能夠分清簡短表達和嚴謹措辭之間的差異就非常重要。科學是一種批判性思維的歷程，要求對所觀察到的現象的可能解釋進行不斷比對，並對觀察本身的品質進行嚴謹探究。任何匹配得上他們實驗室名聲的科學家都不會否認，科學方法的威力在於不斷的檢查與重新檢核，其本質就是一種認知，那就是事情沒有所謂的最終答案，只有更深層次的探索。雞內臟可不能勝任這點。

科學方法可靠性的一個明證是，科學家不僅能衍生新理論，且每一個理論也都同樣有用。其他方法也能做到這點，但科學的特殊之處在於，只要我們遵循科學方法推進，所發展出的理論就能讓我們提出預測，甚至製造出來。當預測（每次都）成真，我們製造出的東西（每次都）起作用時，我們就知道這項理論準確描述了我們周遭世界的本質。例如，有關升力和阻力如何作用的理論，讓你得以設計出一架能夠翱翔天際的飛機。當然，可能會有一些嘗試的錯誤，製造機輪和機翼也並不是沒出現過複雜狀況，但是科學方法讓我們對物質世界的運作有充分的把握，可以基於第一原理來製造事物，並據此進一步改良。

這並不是說，沒有科學方法相助我們就不可能製造出東西。紛亂無章的不斷嘗試錯誤並不一定就會失敗，這就是為什麼十七世紀之前，依然有技術進步的原因。然而，科學方法大幅加速了技術發展，特別是在必須對自然的複雜性有深刻理解才能取得成功的領域。沒有科學方法，我們仍然有可能靠著直覺打造出安穩的庇護所，但有可能效率極低，而且並不安全；我們有可能建造出航海船隻和農具，但是我們不可能製造出太空船。至少，在沒有科學方法的社會，製造一艘登月艇會遇上真正的困難。如果你想反駁這一點，我有一個簡單的挑戰給你：召集三支沒有航空工程知識的工程師團隊，向第一隊提供一碗雞腸，第二隊提供一位備受尊敬的宗教神職人員，第三隊提供一本航空工程教科書，內容為依循科學方法完成的種種研究。然後要求這三隊建造一艘登月艇，並且得通過測試。請回報結果。

你可能以為我偏離了跟外星人接觸的議題。我對科學特性的闡述很快會帶到我的重點。假如外星人建造了一艘太空船並跟我們進行了第一次接觸，那麼我可以向你擔保，即便我們對他們的世界、文化或大腦的任何資訊一無所知，他們絕不是靠著什麼外星生物的內臟提取出資訊，或藉由第六世界統治者暨宇宙之主這樣的大祭司的宣言才建造出那艘船艦。他們是用科學方法辦到的。就算後來發現大祭司也曾參與其中，我們還是可以肯定這種生物使用了科學方法，或者他們有一所外星圖書館或資料中心，裡面收藏了藉由科學歷程收集的資訊。這種對普適性思維形式的趨同現象也可能意味著，科學方法本身可以成為與外星人溝通的基礎。

我可以毫不遲疑地說，外星人的知識與我們大為不同。事實上，外星人的知識有可能與我們有如天壤之別、遠遠凌駕在我們之上。人類和外星人運用科學方法就能知悉關於自然的真理，這樣講並不意味著雙方理解跟運用知識的方式也是一樣的。我們對宇宙的理解跟我們的技術能力和物質知識並不需要完全對等。但我們與外星人之間的巨大差異，並不等同於人類與螞蟻之間的鴻溝，甚至也不同於人類與認知能力較佳的黑猩猩之間的差距。我們與外星人之間的差距在於資訊和知識的量上面，而在質的方面，無論是人類還是航行在太空的外星人，都是藉由使用證據來檢測、維繫和推翻理論，好讓自己對宇宙的認識推向更可靠的真知灼見。

這裡或許也可以指出，外星人實踐科學方法的本領或許和我們不同。也許外星人的大腦更擅長數學計算。也許他們整理分類和獲取知識的方法不同，甚至很古怪。不過這一切都不會改變一個絕對事實，那就是外星人會使用科學方法。讓我說得更強烈一點：若想掌握宇宙相關資訊，他們就必須使用科學方法，這樣才能建造出一艘可用的太空船。

這些宇宙相關資訊至少有部份在我們看來相當熟悉。這是由於科學方法的另一項特徵：不論是誰或什麼在應用它，也不論是在哪顆行星上施作，科學都以相同的方法去研究相同的宇宙。我不會宣稱借助科學已經得到了宇宙最終的客觀真相，我不會犯那種錯誤（我才不會讓我的哲學家朋友們有機會就這點提出質疑而把我徹底打敗）。不過底下這段就沒有說錯：我們可以斷言科學方法確實改進了我們的知識框架，於是隨著時光推移，我們對現象的理解也就越來越接近完善。牛頓的引力概念是建立在早期的思想基礎之上，後來愛因斯坦時空連續性擴充研究修正了牛頓的定律並繼續向前推展。當你拋出一顆球並且想預測它的落地軌跡時，拿牛頓的觀點來做預測，大體上依然是相當準確也很有用的，不過愛因斯坦的巧思也大大改進了我們從宇宙尺度來認識事物時所做的推測。其他科學家也曾多方思索，愛因斯坦的理論在哪些情況下是正確的；有時候在判定他的理論有錯之後，到最後依然發現愛因斯坦終究是對的；有時，我們發現他的思想在某些範疇還需要優化。就像這般在反覆修正前人的理論的歷程中，得以朝向更深刻、更令人信服的真相推進。

所以我可以大膽斷言，假如外星人乘坐太空船抵達，他們最起碼也能掌握牛頓的運動定律。當然了，或許他們管那叫「巴勃奇格定律」（Babblezig’s laws），而不是牛頓發現的，但這都只是小事一樁。不論在我們看來外星人的腦子有多麼奇怪，他們肯定能彙整出與我們相同的認識。若非這樣，他們就沒辦法規劃太空船的軌跡或計算地球重力如何影響他們的登陸作業。所以外星飛船設計師一定懂得引力定律。

這裡有個重要的但書，那就是物理定律的普適性，並不意味著外星人就擁有與我們完全相同的科學洞見或技術能力。探討某些物理定律或技術成就的取得，是否必然源自於其他定律或技術成就，換句話說，是否遵循一定的方向？這是很有趣的問題。我個人的看法是，科學認識具有某種方向性。沒有對牛頓力學的掌握，愛因斯坦就很難思索時空連續體。同樣道理，沒有這些定律，也就很難構建出關於太陽系運作的可靠模型。我們對宇宙某些事實的掌握能力，必須建立在先前的理解之上。倘若外星人乘坐太空船到達，看來他們最起碼對宇宙也會有同等認識，還很可能擁有更高明的理解。然而，當他們乘著物質／反物質火箭引擎的太空船或者其他任何方式來到地球，他們極不可能在看到牛頓的《自然哲學的數學原理》（編按：此係牛頓在一六八七年發表的著作，闡述了萬有引力和三大運動定律）時，會流露景仰之情而震驚到不敢置信。

從事星際旅行的外星人是否也遵循類似人類技術發展的途徑，這個問題太有趣了。當我從愛丁堡搭乘火車前往倫敦途中感到無聊時，我總喜歡在腦海中進行一個小小的想像遊戲。我試著想像，人類社會有沒有可能跳過某段歲月的發展，而達到目前的技術成就。例如，一個社會可不可能在沒有發明輪子的情況下就發明核能？我的計程車有沒有可能被某種沒有輪子的東西取代？當然，我有可能騎上馬背，而我的計程馬夫則不時在我們顛簸越過路上的又一個坑洞時，操著格拉斯哥口音對我大喊，要我坐穩了。而那條道路兩旁卻安裝了電力照明，電源則來自附近的核分裂反應爐。

格拉斯哥附近的貨物運送可以使用古代技術完成，箱子可以架在圓木上滾動，然後不停地費勁把後側的圓木搬到前方。順著這條思路，核能發電的所有步驟——從鈾以及其特性的發現到核分裂理論的發展，最終到反應爐的建造——似乎不必靠輪子也能實現。

然而這在智識上是否行得通，又是另一回事了。一名技師盯著正在建造的濃縮鈾離心機時，心裡面想：「如果我把那個離心機的軸心插在箱底，然後把離心機換成一個圓盤，我就可以拉動容器，不必不停地移動圓木。這個發現太棒了！」核能發電的許多部件，像是渦輪機和水冷泵，都牽涉到繞軸旋轉的零部件。我們可能想像，做出這類零部件會引發對輪子用途的一些想法。

我們可以合理的推測，不僅僅知識具有累加性和一定路徑，技術很可能也是，至少在那些應用廣泛的重要技術能力確實如此。外星人需要的東西有可能和我們不同，因此產生出不同的優先順序。說不定他們採光合作用來攝取營養，因此從未想過要發明烤麵包機。但是，供給烤麵包機所需的電力——這是星際航行的外星人想必非常了解的事項。正如《自然哲學的數學原理》不會讓外星訪客大為震驚一樣，他們也不大可能在降落地球表面之後，圍著一輛福斯汽車的車輪，開始咕噥起來（經過我們的外星語翻譯器解譯後）：「開什麼玩笑。佐格，來看看這個圓圓的東西，我們怎麼以前都沒想到過？」

如果我們真的和外星人見面，交流可能不會很順利。如果他們能用可辨識的聲音或符號來進行交流，我們就算很幸運了。他們的語言結構和資訊處理方式，有可能和我們能夠想像到的任何情況都天差地遠。甚至他們的感知方式也可能與我們大相逕庭。但我相信這不會是螞蟻與人類的會面。我們會相互凝望，在語言不通的迷霧當中，理解彼此都是科學家。只要發揮對宇宙提出問題的能力和渴望，運用觀察、實驗和批判來彙整出對我們周遭環境的更深入理解，我們雙方就可以處在平等的地位，不論這些能力的數量和運用存在多少的不對等。甚至，當我們審視他們的技術，而他們審視我們的技術時，或許我們不斷探索宇宙奧祕的精神，會讓我們雙方達成一種心靈上的契合，一種對我們的共同過去和未來，有了身為科學家的相互尊重和理解。

科學方法讓物種踏上一條有可能永無止境地更深入洞察宇宙的道路。儘管我們還不知道有其他任何物種也這樣想，卻也沒有理由認為科學方法只限人類獨有。更重要的是，任何物種若想有系統地改進它對自然運作的理解，科學都是一種必要的思維方式。不論我們和外星人在其他任何方面有何不同，我們都會在第一次接觸時對上述的現實有心照不宣的共鳴。我們會了解彼此的一些事情。就我而言，我會非常希望知道外星語言用什麼詞彙來稱呼「科學」。

美國航太總署的「超深場影像」(eXtreme Deep Field image)，以哈伯太空望遠鏡朝天空某單一區域拍攝了十年的照片組合而成，圖示範圍約含五千五百座星系。難道外太空某處就沒有其他智慧生命在那裡望向地球—這個在另一個宇宙深空視野中不起眼的小點？

Chapter

11 宇宙會不會根本沒有外星人？

Might the Universe Be Devoid of Aliens?

搭了趟計程車從布倫茨菲爾德（Bruntsfield）前往愛丁堡新城（Edinburgh New Town）去參加聖誕派對。

我們拐進王子街，這一年來，我第一次感受到這種難以言喻的情感：聖誕氛圍。我們都知道鬱悶、幸福和羨慕是什麼。這些都是人類經驗的基本組成部分。但聖誕氛圍——那是什麼？

實際上我認為聖誕氛圍是一種複雜的事情。童年回憶、黑暗的夜晚、溫熱的紅酒、掛滿閃亮絲箔和種種飾品的聖誕樹。眾多成分納入這種情感狀態，再加上集體的季節性歇斯底里予以誇大。然而追根究柢，這一切就是節日的社交屬性、家族和社群意識。

「我全家都會來過聖誕節，」我的司機說。

「整個家族，總共十一人，都會來我和我另一半這裡團聚。」這句話來得很突然，看得出我的司機很興奮。她看起來像準備好了。她穿著一件紅綠相間的毛衣，滿頭白髮如雪，似乎整個人沈浸在聖誕氛圍當中。「我很期待，」她愉快地補充道，好像不存在任何疑問。「你也是嗎？」

事實上，我的確是。不過就一個太空愛好者的觀點，有時我會對我們地球上的儀式抱持一種奇特的看法。在這顆住滿人類的小岩石星球上，有些人慶祝聖誕節。他們享受彼此的陪伴，舉杯慶祝，大嚼火雞，把禮物堆放在樹下，同時這一切全都在銀河系一片相當孤寂的空域中，環繞著一顆平凡無奇的恆星運行。我努力不讓天文學觀點潑人們冷水，所以我不打算提出我們微不足道的這類無意義空談。我也不打算問我的司機，宇宙中有沒有其他任何生物是否重要，儘管我心裡面充滿這類的思緒。若是我們知道外太空還有其他生物，會讓聖誕節變得更好嗎？或者當我們發現自己是孤獨的，當我們的團聚溫情在周遭真空且無生命狀態下更加凸顯，是否才會變得更加溫暖？這就是一種感受聖誕氣氛的方式：在黑暗中擁抱這一抹色彩、歡樂和希望。

所有這一切在我的腦海瞬息閃現。然後我回到了對話中。「是的，我非常期待，」我說。「這個聖誕節我也要和家人團聚，知道我們並不孤獨的感覺很好。至少不是在地球上孤單一人，但是誰知道宇宙其他地方是怎樣呢？」我的司機沒有說話。她看著後視鏡，瞇起了眼睛。就像我說的，我是個太空愛好者，我引誘人們來展開有趣的對話。

「你是那種《星艦奇航記》的粉絲吧？」她問道。我倒不是特別著迷，但偶而也會看看。不過在我堅決否認之前，我的司機插嘴了。「我對《星艦奇航記》非常著迷。那完全就是一種大冒險，四處旅行，遇見所有那些奇怪的人。」

回頭想起我對聖誕節的思索，我心中納悶，倘若星艦「尋找新生命和新文明」的任務徹底失敗，這整個《星艦奇航記》體系會不會就此崩塌。我的司機喜歡這部影集是不是因為有跟外星人對話的情節？孤獨的《星艦奇航記》會不會就像一個人過的聖誕節一樣糟糕？「我知道這聽起來有點奇怪，」我警告她說，「但妳覺得如果他們找不到任何可以交談的智慧外星人，那麼《星艦奇航記》會不會就沒有人看了？」

「我喜歡看那部影集，看他們會遇到誰，」她回答道。「他們和什麼古怪的角色交談，還有哪些人想要破壞那艘船。」她側頭偏向一邊，然後繼續說道：「但我覺得如果沒有這些角色，它就不會有票房了，對吧？」

「我同意你的看法，」我說，「至少觀賞的樂趣也就在這裡。」從觀眾的角度來看，花一整晚觀賞太空船影集，看著它飛越太空，卻沒打算做什麼事，就算它是用曲速飛行，那也會相當無聊。我相信，即使你沒看過《星艦奇航記》，你也會同意這一點。不過我認同她對這部電視影集的觀點，和我身為一名科學家的想法是不一樣的。從專業角度來看，如果我有機會加入任何一次穿越宇宙的旅程，即便我們的船員沒有找到太多東西，我也會非常欣喜。

請你們花一點點時間，跟隨我經歷一下這段相當無聊的幻想，因為它也很有啟發性。想像在某一集《星艦奇航記》影片中，企業號星艦在探索陌生新世界的五年任務期間什麼都沒有發現。或者也許寇克艦長和其他人在某些地方發現了微生物，但除此之外別無所獲。

任務第一年，無聊開始籠罩。太空船在宇宙間高速穿梭，以曲速從一個死寂太陽系飛越到另一個。到了第三年，寇克艦長已經開始服用藥物，大部分時間都在聽門戶合唱團（The Doors）的專輯，而他的懶散船員則四處閒坐看著B級電影，幻想自己在金融圈或房地產業可能找到的更好工作。到第五年任務結束時，他們已經拜訪了超過三百個星系，但他們得到的只有地質樣本和幾瓶冷凍的土壤和海水樣本，其中一些似乎含有類似細菌的東西。寇克艦長蓄了鬍子，衣衫不整，幾乎失去了生存意志，其他船員則變成了酒鬼。他們返回地球，離開了星際艦隊，到克洛敦（Croydon）郊區的一處辦公大樓任職，管理當地道路計畫，以及監督坑洞填補的專案進度。

這部影片應該稱作《星艦奇航紀錄片》。影片可能不太好看，卻有可能比真實的情況更貼近生活。《星艦奇航記》實際上反映了過往人們對外星人的樂觀態度。你或許還記得，幾個世紀以來，人們一直認為火星和金星是智慧生物的棲居地，那裡的文明就像人類一樣，忙著處理日常生活事務。月球這片灰色的焦土廢地，是月球人的家園。火星上奇異的線條，被認為是運河，是外星人的巧思產物，是雄心勃勃改造火星環境的工程計畫，是外星居民意志的體現。這些觀察由惠更斯、赫雪爾和羅威爾等出色人物推波助瀾，刺激了公眾的心智，鼓舞了相信外星智慧存在的高度信心。

讓這一切徹底改變的是太空時代。首先，最早期拍攝金星、火星和月球的高品質影像相當清楚地顯示，這些世界除了岩石以外什麼都沒有。後來，更先進的研究排除了我們的最後一絲希望，確切證明了太陽系中沒有其他文明存在。然而，有關其他地方是否存有生命的問題，依然懸而未解並引人遐想。因此，許多科幻故事仍然具有持續的吸引力。

當然了，對於科學家來說，尋找外太空生命仍然具有吸引力，但我們的工作更像是《星艦奇航紀錄片》中所描述的（希望能刪除濫用藥物那一段），而不像出現在電視影集和電影中的任何情節。我們最喜歡的研究對象之一是火星表面，那裡有古代水體的大量證據：在水中形成的原始礦物和黏土，曾經是河川支流的交錯渠道，以及扇形三角洲，這些能證明當初火星上的大氣比如今更厚，而且液態水穩定存在的時期，那裡曾有湖泊。今天，火星上有冰，但冰一受熱就會立即蒸散成一縷縷飄渺氣體，完全跳過液態階段。如果火星曾經存在生命，而且今天依然存在，那麼它很可能只是微生物。毫無疑問，沒有跡象表明有類似動物的複雜生命曾在火星表面漫步。

除了火星之外，我們的探測器在環繞木星和土星等巨型氣態行星的衛星表層冰冷外殼下方發現了海洋，引燃了對那裡可能存有生命的興趣。木星的衛星木衛二（Europa）不比地球的衛星（月球）更大，但它所含水量有可能兩倍於地球所有海洋的加總水量。土星的衛星土衛二（Enceladus）甚至比木衛二還更不起眼——直徑只有區區五百公里，還不到大英帝國的長度。但這裡也值得特別關注。土衛二向太空噴發漫射水柱，這些噴流內含有機物質、氫和各式各樣的其他成分，這告訴我們，它的地下海洋環境或許適合生命存在。

倘若科學家在這些水世界發現微生物，那我們肯定會欣喜若狂。然而，公眾可能會感到失望，因為地外微生物不一定是外星產物。這是由於從遠古時代以來，散布太陽系中的形形色色岩石就不斷共享物質。當小行星或彗星與行星或其他物體互撞時，衝擊會將岩石從表面轟出射向遙遠的太空。這些岩石數量龐大——不是小石子，而是龐然大山般的巨岩。這樣的劇烈碰撞雖然並不常見，但它們拋射到太空中的物質總量絕對不能低估。如今，每年大約有半噸的火星物質穿透地球大氣向地表墜落。為什麼你從來沒有那麼「幸運」能接到火星岩石，那是因為這些數量可觀的物質，大部分落在海洋或無人居住的沙漠。火星碎片落在你家院子裡的機會確實很小。

然而，這也表明在地質時間進程當中，宇宙物體確實會交換相當大量的內容物。在這些岩塊裡面，微生物有可能存活。科學家將小塊岩石浸透細菌，再讓它們以高速撞擊堅實的目標，用來模擬星球衝擊條件，我們發現，這些細菌能夠承受強大的衝擊力。因此，地球上的微生物有可能已經到了火星，反之亦然。事實上，儘管看似匪夷所思，但有些人提出了一個觀點，認為地球上的生命根源自火星，後來才轉移到了這裡。或許我們和地球上的所有生物全都是火星人。這會是從我們的火星探索中得出的一個富詩意又具諷刺意味的結論。

行星間不斷進行生命交流的可能性，倘若真的能在其他地方找到生命，可能會得出令人沮喪的結論，因為我們在自己所處的太陽系中其他地方找到的生命，有可能和地球上的生命完全相像，或者明顯相關。這並不會讓這種外星生命變得不有趣，畢竟從心理學到社會學再到遺傳學等領域的研究人員，就曾經從一出生就分離的孿生子身上學到很多東西。同樣道理，藉由研究我們的表親在過去幾十億年活得如何，也可以從中習得相當多的知識。但這些微生物並不完全是異星生命，它們的起源和軌跡會與我們地球上的聯繫在一起。要具備真正的異星屬性，或許我們得期望不只能在地球以外的地方找到生命，而且它是依循一條完全獨立於地球之外的生命軌跡路徑所發展出的。這樣我們才會有真正的、貨真價實的外星生命可檢視。

這些都和《星艦奇航記》相去甚遠。船員們從來沒有下到行星表面，只是收集一些微生物，然後在整集節目中用顯微鏡檢查這些微生物，花很長時間討論微生物生態學。唯一會讓《星艦奇航記》編劇覺得有趣的微生物，只有那些能干擾企業號及其船員，並且表現出自我意識的微生物。我必須承認這有點令人失望。我個人認為，一部劇情涉及前往宇宙各處進行微生物生命研究的《星艦奇航記》會引人入勝，而且富有教育意義，但這段話是一位微生物學家說的，我猜想你可能不會同意。我的司機也不會。

「你覺得如果《星艦奇航記》加入一些外星生命的節目內容，會受歡迎嗎？」我問道。「不是那種尖耳朵的外星人，而是在岩石和土壤中的許多有趣微生物和其他奇怪生物。把劇情稍微改編一下，你覺得會有趣嗎？」我一提出這道問題，當下就知道，我這就等於是亮出自己極客（geek）證照的科學怪咖身分。說真的，有誰能指望公眾會對觀看三十到四十分鐘的實驗感到興趣，即使那實驗是在企業號上執行的？我的司機不為所動。

「嗯，那應該沒什麼好看的，對吧？」她一邊說一邊轉上喬治街。十八世紀的房屋立面妝點了綠、紅和銀色飾品，還有燈籠、燈飾和歡樂。

企業號並不只在太陽系航行。在前往遙遠銀河系的旅程途中，我們有可能交上好運嗎？眼前我們並不知道，不過我們正在努力。過去三十年間，天文學最令人振奮的進展之一是搜尋繞著其他恆星運行、類似地球的行星。這些所謂的「太陽系外行星」已經徹底改變了我們對宇宙的看法，還有我們計畫搜尋的方向。到目前為止，諸如NASA的克卜勒（Kepler）和系外行星凌星搜尋衛星（Transiting Exoplanet Survey Satellite, TESS）等太空望遠鏡已經表明，太陽系外存在大量種類繁多的行星，其中有些在適於保有液態水的合宜距離繞行恆星，這些行星位於所謂的適居區，那是恆星周圍的環狀區帶，在這區當中，行星表面接收到的恆星輻射量恰到好處，既不會過熱使水沸騰，也不會太少導致水凝結成冰。此外，在某顆恆星的適居區發現的行星，有許多都不是氣態行星，而是岩質星球，因此有可能適合生命存活。現實世界中的寇克艦長會有許多地方可以去探訪。

往後二十年間，還會出現性能愈來愈強大的太空望遠鏡，讓科學家得以檢視這些遙遠世界的大氣層中所含氣體，提供我們更多的資訊，好進一步探究它們適不適合生命存續。或許有人會好奇，這怎麼可能辦得到，因為望遠鏡是觀測遠方來的光線，我們並不會派遣探測器去採集太陽系外行星大氣的化學樣本。然而，光譜學——這門根據物質所發出、反射或吸收的光線，來判定其組成的技術——並不是什麼新鮮事。就太陽系外行星的情況，我們感興趣的是我們的望遠鏡看不到的光。當星光穿透行星的大氣時，其中所含氣體會把星光的某些波長吸收掉。這些消失的波長，會在我們的探測器中顯現出來，構成相關頻譜區段的光強度波谷，於是這些波谷便成了特定氣體的指紋。例如，假設進入我們望遠鏡的光，缺少了與氧相關的某些特定波長，那麼我們就知道，那處大氣中有氧。採用這種方式，科學家只須掃描穿過某一太陽系外行星大氣的光，就可以推斷該大氣的組成。

我們所發現的氣體，許多都是推測在任何岩質行星大氣中都找得到的，例如二氧化碳和氮。幸運的話，我們的儀器說不定可能會探測出水的明顯特徵。倘若一顆行星的大氣大量含水，那就令人非常振奮，因為它的表面或許也擁有大量的水，說不定就是有利於生命存續的海洋。

找到標誌適居性高低的氣體至關重要，但我們不必就此止步。我們還可以尋找暗示生命本身存在的氣體。要找到生命，我們必須找到生物產生的氣體。這是難度很高的工作，因為許多與生命歷程相關的氣體，同樣有可能產生自地質歷程，所以它們並不是絕對可靠的指標。儘管如此，有些氣體仍然有很大的機會。氧是光合作用的產物，因此假如我們在某顆太陽系外行星的大氣中發現了氧，那就是表面有生物的強烈標誌。我們地球大氣中有百分之二十一的極高含氧量，這是細菌、藻類和植物耗用二氧化碳、吸收陽光並製造它們生長需要的醣類所額外累積出的廢棄物。如果在一個太陽系外行星的大氣中發現了類似比例的氧，科學界或許會相當開心。

只是可能。遺憾的是，有異常大量的氧，也並不保證就有生命。豐沛的氧有可能在沒有任何有機歷程的情況下生成，例如用強烈輻射分解足夠的水，它就會轉變成其兩種組成物質：氫和氧。然而，事前深思熟慮並仔細使用電腦模型，我們可以準確地計算出，當我們根據富氧大氣判斷有生命存在，而實際上卻是偽陽性的檢測結果，於是我們便能在狂喜之前先排除候選人。

寇克艦長面臨的問題是，就算我們在一顆適居行星上發現了氧，這也不意味著那裡就有智慧生命。當然，對於像我們這樣的智慧生命來說，氧是從環境中獲取能量的必要成分。但是，一顆帶了氧的有生命行星，說不定只是一缽滿含細菌，不斷釋出氣泡的濃湯，完全看不到「克林貢人」的蹤影。因此，我們應該做好準備，往後說不定會發現，生命只能在顯微鏡下觀察得到。宇宙有可能被簡單的生物所支配。

宇宙中若沒有豐饒的文明，這樣的可能性應該讓我們感到失望嗎？不管應不應該，毫無疑問肯定會失望的。我可能會感到落寞，你或許也會。這是一種極為人性的反應。我們希望知道自己並不孤單，並嚮往感受加入星際社群的刺激。與外星智慧進行多種、無止境且發人深省的交流，這樣的未來非常值得期待。這種期待沒有錯，它驅使我們繼續探索，並實現《星艦奇航記》的使命——尋找陌生的新世界和新文明。

當然了，要證明宇宙其他任何地方都沒有外星生命，不論是智慧生命或其他類別的，都相當困難，事實上也不可能。我們怎麼可能知道，在數十億光年外的某顆行星上，就沒有一個孤立的社會呢？但是假設我們搜索了成千上萬顆具有完整生命成分的類地行星，也就是我們在銀河系範圍內所能找到的最有利的候選者，結果它們全都沒有生命跡象。這能告訴我們什麼？

除了智慧文明相當罕見的明顯結論之外，我們可以調查這些行星，查出它們到底有沒有收容過任何形式的生命，甚至是微型生命。我們有可能發現，我們沒有外星人可以交談，但也會發現，宇宙中充滿了類似細菌的實體。這很重要，因為這告訴我們，生命有可能很容易起步。但從簡單的自我複製細胞到高等型式，最終到達智慧的旅程，則是非比尋常的。那條路徑的某些條件很難實現。

或者說不定結果相反，我們有可能發現，我們生活的這個宇宙，到處都有可以孕育生命的行星，然而它們幾乎全都毫無生命跡象。換句話說，滿布宜居星球卻杳無生命的的宇宙，本身就很驚人且具有啟發性。這驗證了能孕育生命的條件是普遍存在的，但要發生連串事件來將化合物轉變成能自我複製、演化發展的生命，卻是極度稀罕。在這種情況下，或許智慧可以輕易從微生物萌生，然而微生物本身卻很難被創造而出現——生命萌現是一種極其微妙的歷程，而且所需條件非常苛刻，幾乎從來不曾普及。

宇宙保持寂靜的方式有很多種，遠遠多於宇宙中存在智慧生物的方式。這些情境中的每一個都能告訴我們很多關於我們自身起源的事情，包括它的可能性有多大，以及哪些陷阱和偶然事件可能阻礙了我們的出現。地球上的生命起源是否是一次幾乎如同奇蹟般的事件？複雜多細胞生命的出現是否不尋常？促成智慧的條件是否特別？

要想以有意義的方式來應對這些問題，我們需要尋找其他世界上的生命和智慧。唯有這樣，我們才能獲得能夠得出確鑿結論的知識。換句話說，即便寇克艦長從未在宇宙各處探尋到外星文明，我們依然可以獲得很多知識。如果他也研究了無生命的世界和孕育了原始有機生物的行星，那麼「企業號」也就真正展開了宇宙中生命的探索。這些理想對《星艦奇航記》的觀眾來說可能顯得很乏味，不過我相當肯定，邏輯清晰的史巴克會贊成的。科學不是為了實現幻想和願望，科學工作是檢定假設，努力讓我們對宇宙的運作方式有所認識。

我就說我很無聊乏味吧，但我始終認為，企業號船員做的是壞科學。開場白應該是：「宇宙，人類的終極邊疆。這是星艦企業號的旅程。它的五年任務是為了繼續探索這全然未知的新世界，檢定外星生命的假設，並認識催生出微生物或導致無生命棲居之世界的生成因素，勇踏前人未至之境。」但我猜想我這個編劇會被解雇。

要在宇宙中尋找新的文明會是件了不起的事情，我們不要那麼無趣地阻礙人類發揮想像力。不過我們也要記住，無論我們找到什麼，特別是沒有找到什麼，都會告訴我們很多關於我們自己以及我們在宇宙中所占地位的信息。即便證實宇宙是無比寂靜、孤獨的，也會大大擴展我們對自己的理解。就算寇克艦長和他的船員空手而歸，他們的五年任務仍然會是一項巨大的成就。

從許多方面來看，火星表面都算是極端環境。這幀合成照片是美國NASA的好奇號火星探測車拍下的，照片顯示在這顆紅色星球飽受輻射影響的乾旱沙漠中留下的車輪痕跡。

Chapter 12

火星是個糟糕的居住地嗎？

Is Mars an Awful Place to Live?

搭了趟計程車前往約克郡的鮑比礦場，到我們的地下實驗室監督一項行星探測車的測試。

橫跨約克郡沼澤國家公園（Yorkshire Moors）的車程走了二十分鐘之後，交談變得有趣了起來。別誤會，沼澤荒原的風景令人驚嘆，不過在荒無人煙的地方，聊天殺時間也不錯。

「這裡風景很美，」我說，「但你一定會很驚訝，我們這麼快就進入鄉間了。我的意思是，假如你的車在這裡拋錨，那可真是傷腦筋。」

我的司機點頭。「這你說的沒錯，」他笑了笑。他是個中年人，說話帶了比較多英格蘭南部腔，不像是約克郡口音。他穿著一件藍色襯衫，戴著一副藍框眼鏡。他的手臂搭在打開的車窗框上，手指敲打著窗子外側。

我正要前往鮑比礦場，那裡有上千公里迷宮般的道路，位於地下近一英里的深處。我和同事們花了幾年時間在那裡測試探測車和其他太空探索技術。如果你同意的話，那裡可算是我們在約克郡深處的一小塊火星。一段時期以來，這座礦場內設有一座世界上最令人讚嘆的地下科學實驗室。這座實驗室隱藏在有著二億五千萬年歷史的含鹽隧道中，空氣超潔淨並有空調設備，就像科幻電影中的場景。科學家在這裡尋找難以捉摸的暗物質，這是我們認為宇宙構成的一部分。而在隧道深處住著一些微生物，它們慢慢地啃食鹽礦中的古老食物。它們已經學會在永恆的黑暗中生存。當宇宙學家利用隧道的深度來阻擋輻射和可能汙染暗物質搜尋儀器的離散粒子時，我們這些研究生命科學的學者則試圖了解那些微生物的活動。

在火星上也發現了古老的鹽類——這些鹽類有可能對我們的相機、環境監測儀器和其他裝備造成嚴重損壞。因此有理由先在鮑比礦場這樣的地方測試我們的設計，好確保它們足夠耐用。反過來說，小型、輕量、堅固，適用於太空的儀器，也可以用來改善地球上的採礦作業，甚至讓我們做得更乾淨，更有效地運用地球的有限資源。換句話說，在鮑比礦場的隧道深處，太空探索和地球上想要成功、永續採礦的挑戰殊途同歸了。這項計畫已經有來自美國NASA和歐洲太空總署，還有印度的團隊齊集在約克郡，在這裡進行測試的太空探測車，都是在印度建造的。我們甚至還接待一位太空人，他在礦坑裡接受了部分訓練，挖掘並刮除鹹水排出物，學習如何在未來的行星任務中採集樣本。這真是令人激動且振奮人心，既可以盡情享受太空探索的興趣，又可以解決母星地球上的問題。

「這是個美麗的地方，」我的司機掃視我們眼前的沼原，贊同答道，「但感覺就像是另一個世界。」他犯了個計程車司機常見的可怕錯誤，給了我一個談論火星的機會。對一位天文生物學家來說，「另一個世界」這個詞就像是挑釁公牛的紅布。我展開行動。

「說到其他世界，」我問道。「你真的會去另一個世界嗎？比如火星？」

「那裡很冷，不是嗎？」他回答道。「比約克郡冷得多。我不會說我迫不及待想去，不過也說不定。人類已經去過每個地方，所以我認為我們會去，而且把那裡打造成家園。也許有一天他們會有一座城市，但那裡仍然不會是約克郡。」就是最後那句評論最強烈地打動了我，做出那種比較時不經意帶出的確定性。

「在火星上建家園，」我說道。「你會這樣做嗎？」

「絕對不會，」他強調。「那些太空億萬富豪，歡迎他們去做。那實在太極端了，而且我喜歡約克郡。」

對我這樣熱衷火星的人來說，這麼簡單的結論頗令我沮喪。就像發現你的晚餐同伴對你的興趣沒有絲毫共鳴，任何關於火星和太空的話題都無法進行。但我的司機的觀點並不僅僅只是對火星冷漠而已。當我們在美景中行駛，我意識到約克郡正是我的司機想要待的地方。不管他對火星有什麼看法，他都可以完全滿足於自己在地球上所處的地方。看著我們周遭的沼原，誰又能怪他呢？約克郡就是他的家。

火星上的家園。這幾個字可以讓我們聯想到我們對太空船、未來太空服，甚至家中寵物犬用的探險裝。無數世代都曾夢想在火星邊疆開展新生活。這些人都可以算是外星清教徒。起初生活會很艱苦，但隨著更多人湧向紅色星球的光明高地，日子就會一天天好過起來。嘿，你可算是最早建立這一切的那一波移民潮。會有誰不想抓住這個機會，在遙遠的灘頭建立起我們文明的分支？這會是二十一世紀重新演繹的美洲早期殖民運動，只不過這次不會有驅離、剝削和毀壞，因為火星上沒有智慧生命。這會是一片道德乾淨的邊疆，一個全人類都可以引以自豪的天命。

就像在北美西部荒野，靠土地維生需要一些巧思，但我們知道該怎麼做。例如，燃料可以從火星大氣取材製造，但要做到這一點，你必須先拋下對碳氫化合物的偏見。這並不是說火星地底下有石油可以鑽探開採；據我們所知，火星上沒有古老的生物圈，無從及時產出化石燃料。不過火星大氣倒是含有大量二氧化碳氣體，這是一個開始。將它和氫混合（氫可以從水取得，將水電解後分離出來，而最初的電力則可以借助風力或核能），然後使用金屬催化劑並將混合物緩緩加熱，從另一端產出的氣體就是甲烷。將甲烷液化，與一些氧混合（你也可以從二氧化碳中取得氧），你就有燃料可以在爐子裡燃燒，或者給你的探測車加滿油，好在火星上漫遊行進。

這種生活帶了點田園風情。在寒冷的火星冬日，一家人圍坐在甲烷爐旁。微弱的風呼嘯著吹過居住地的邊緣。孩子們準備好乘坐加壓車，迎接極端環境的挑戰。他們懷念著地球和過往時光。

這有點像查爾斯・波蒂斯（Charles Portis）一九六八年的小說《真實的勇氣》（*True Grit*），只是背景換成了在火星殖民地的閃亮銀色科技輪廓。不難看出，這種依賴土地維生並面對火星極端環境的願景，如何轉變成一種英雄式的幻想，吸引著渴望能在歷史上留名，或者想重溫往日艱困、嚮往生活更具蓬勃生機的所有人。這也難怪火星邊疆會被太空探索圈子裡的許多人看作可以實現人類擴張夢想的地方。這是一個能展現人類最崇高自我的舞臺。

那種夢想無疑具有若干真理——尤其是就某種意義上，我們必須全力以赴，才能在火星上成功地建立家園。殖民的困難重重，這項挑戰很可能會奪走一些人的生命，但也會把人類的聰明才智推展到極限。火星會需要我們竭盡一切本領，它會無情地碾壓我們的決心，迫使我們攀上堅毅和韌性的巔峰。

火星是如此無情，而約克郡是這樣美好，因此，若有人站在我的計程車司機這邊是可以諒解的。首先，火星的大氣中有百分之九十五是二氧化碳，只有百分之零點一四是氧氣，對人類來講，這是種致命的組合。不僅如此，火星上的大氣壓力約為地球上的百分之一。從各方面來看，火星的大氣或許就像是帶了微量毒素的真空環境。我們的殖民者必須穿上太空服才能外出，而且他們的房屋必須是密封的，這樣才能加壓並填滿生命的要素，也就是包括氧氣在內的可呼吸氣體。

這種和地球的差別，有毒氣體的覆蓋，讓我們對火星版西部蠻荒的幻想完全改觀。火星令人窒息的大氣會限制行動，比當初新世界的歐洲殖民者所面臨的任何約束都要糟糕。當然了，他們必須注意響尾蛇、山洪爆發，以及原住民為抵禦殖民者不良意圖的自衛行動。然而這些危險並非無處不在，而且或多或少很容易緩解；至於火星的大氣，卻是無所不在且能在幾秒鐘之內殺死沒有做好準備的人，完全沒有喘息餘地。不論你走到哪裡，它都跟著你，吞噬你的自由感，更別說安全感了。面罩上出現一道裂縫，住所出現一個漏氣破口，一切就都完了。這是地球上任何殖民者所未曾經歷的極端情況。

不幸的是，情況還會更糟。就算極度稀薄的有毒大氣沒有殺死你，那麼絕望孤寂也可能會。但事情並非一開始就這樣，三十多億年前，火星表面曾經滿布湖泊和河川。軌道飛行器拍下了許多細部照片，顯示那裡有貫穿荒涼地表的蜿蜒蛇狀地質面貌和彎曲起伏的窪地。在北半球，那裡還可能存有一片海洋。然後，行星冷卻了，一切都改變了。接下來，在遙遠的過去，地球也冷卻了，它的火山青春期結束了，轉變成我們今日賴以存續的比較溫和的成年期。不過地球上的這段歷程比起火星要緩和得多，而今日的地球之所以有別於火星，和這點有密切的關聯，如今的地球也才能擁有能夠維繫生命的大氣和宏大的生態系。

火星的直徑大約是地球的一半，就像小圓麵包比長條吐司麵包冷卻得快，火星的熱量消散速率也超過地球——快得讓火星的熔融核心停止攪動，進而削弱了行星的磁場發電機，阻斷了行星的磁場，結果火星便不再能夠防範來自太陽的粒子流。地球也同樣受到轟擊，但由於地核持續活躍，因此它擁有能夠讓大半粒子向外偏轉的磁場。在火星上，太陽輻射將沒有保護的大氣撕裂成碎片，只剩微薄殘氣向外噴射到太空中。小行星和彗星的撞擊也加熱了氣體，進一步助長擴散。隨著大氣逐漸稀薄，地表壓力也減弱到無法再維繫液態水，結果便導致水都凍結在表土底下。

剩下的就是乾涸裸露的岩石。經過千萬年無情的風吹耗損，最後只留下微小碎片散落在火星地表，賦予了這顆行星無處不在的紅色外觀。如今，火星是一片覆蓋了赭色塵土的沙漠。地球上撒哈拉、莫哈維或納米比等沙漠都無法跟火星無所不在的乾旱相提並論。在那些風化侵蝕的岩石中，或許隱藏著一個答案，告訴我們以往當火星擁有比較豐沛河流的時候，是否曾經有生物在河川、湖泊中生活。說不定在當今火星地下，依然殘存了生命的若干遺跡。正是這種迷人的可能性，吸引了科學家和探險家，激勵他們有朝一日踏上旅途，前往我們最近的行星鄰居。

然而，火星上是否曾經有過微生物，或者它們是否仍在地表底下啃食岩石，對於圍坐在甲烷營火堆旁的開拓者來說都無關緊要。對他們而言，這段火星歷史的後果顯而易見。那裡沒有河流，沒有湖泊，連一道可以捧一口水喝的汩汩泉水都沒有。那裡沒有植物生命，甚至連一顆乾涸的風滾草也不會在火星沙漠上滾過。火星比地球上最致命的沙漠還要死寂。即便在撒哈拉沙漠最偏遠的角落，面臨飢渴的瀕死險境，你至少還可以呼吸到最後一口氣面對你的造物主。

計程車駛進狹窄的小巷穿梭，沼原被人類居所短暫遮掩。在我的右側，一家村舖出現在轉角處。三個人坐在外面，還有一座老舊紅色電話亭矗立著，見證了過往時光。我不知道我的司機是否會思考把火星當作人類新家的可能性，即便他本人對此並不太熱衷。「我不想特別強調，」我開口說道，

「不過你認為火星會成為新的邊疆嗎？你認為那裡會不會成為某些人的第二家園？我知道那裡並不是沼原，不過……」

「為什麼不呢？」他說。「我們已經去過所有其他地方了。一旦我們決定做某件事，我們就去做，所以我認為人們會去。不是已經有人自願去那裡生活嗎？是的，就像是第二家園。嗯，真的。不過火星還是太冷了，我還是更喜歡約克郡。」

這次他的評估比較樂觀了一些，但沼原仍然勝過火星，我明白為什麼。火星在召喚，但比起沼原的紫色、綠色和粉紅色，還有毛氈苔、石南和蔓越莓，又哪能相提並論呢？還有在英格蘭北部這片迎風綠洲上空翻飛俯衝的鷸鳥、灰背隼、布穀鳥和杓鷸呢？我的思緒在沼原和火星之間來回飄蕩。

約克郡並非溫暖的天堂，但正如我的司機所知，火星在這方面的表現也不如人意。火星沒有像地球那麼濃厚的溫室般大氣層提供保護，將地表維持在舒適的溫度，遠高於太空中令人麻痺的嚴寒，而在火星就必須忍受嚴酷的極端氣候。在火星赤道，太陽直射下，溫度有可能達到宜人的攝氏二十度以上。然而在火星的大部分地區，環境都極端冰冷刺骨。火星的平均氣溫約為攝氏零下六十度，而極地冰帽甚至以地球南極的標準來看都算嚴寒，可以達到攝氏零下一百五十度。

荒涼嚴寒的火星沙漠中的居民還會面臨另一個敵人：太陽輻射。由於毫無氧氣，火星欠缺可以阻擋大部分陽光紫外線的臭氧層防護屏障。在火星表面，你曬黑的速度大概是地球上的一千倍。當然，在享受日曬到滿身通紅之前，你就會喪命。從未來火星殖民地的角度來看，更重要的是，地表的輻射水平會讓塑膠變質泛黃、也讓其他材料變得脆弱，並殺死沒有遮蔽的農作物。

來自太陽和銀河系的無聲入侵者也共同加入了敵軍。來自太陽和其他地方的質子和高能離子湧上火星表面。地球表面有大氣層和磁場的保護，因此我們承受的衝擊約為火星的百分之一。紅色星球上的居民會身處高發癌症和輻射損傷風險。火星環境會緩慢但無情地侵食DNA。

別以為我在危言聳聽，明白地說，火星並沒有北美洲殖民者當初面臨的某些危險。那裡沒有火星土著拿著武器準備發動夜襲，我們的火星殖民者可以安心入睡。火星上也不會有猛烈的風暴或颶風來襲，捲走殖民者的農作物或毀掉他們的家園。火星上的地震相對較不活躍，因此那裡的居民永遠不會受到火山噴發或地震的侵擾。這可不是說火星的自然環境就很溫和，很顯然不是。除了我們已經提到的許多危險之外，那裡的沙塵不停地環繞席捲整顆星球，將紅色沙礫撒入每個角落縫隙。

除了身體上的危險，火星無疑也對心理健康構成挑戰。從你的火星居所往外望去，眼前盡是一片紅色，帶點橙色，然後又是更多紅色交織畫出一片鮭紅色天空。踢一踢土壤，你或許會看到藏在紅色沙塵底下未受風化的灰色玄武岩。但地球上的藍天，林木的翠綠，還有春天綻放的粉紅、藍、橙、紫和淡黃褐色花朵……，對於火星殖民者來說，這些色彩都只局限在電腦螢光幕上、植物培育艙中，以及居所窗臺上困頓求生的孤單芽苗，除此之外全都是無盡的紅。你能忍受這種單調嗎？

對科學家來說，這顆死寂的行星無疑充滿了巨大的潛力。對於想要探究火星是否曾經擁有生命的人來說，這裡是有待探索的樂園。火星上的多數岩石都有超過三十億年的歷史，這意味著它過去適合居住的痕跡仍可能存在。相比之下，地球上大多數的古老岩石早已被板塊運動破壞，大陸不斷擠壓、埋藏、加壓並加熱岩石的過程，最後將它們摧毀殆盡。火星沒有受過這種侵擾歷程，讓它成為研究早期行星地質甚至生物歷程的一扇窗。如果最終發現火星沒有生命，那也會帶來引人入勝的問題。為什麼儘管有岩石和水，這顆行星依然保持著無菌狀態，而它的地球姊妹星球卻綻放生機並蓬勃發展？抱持眾多不同觀點的科學家，包括我在內，都會迫不及待想抓住機會前往火星。

或許遊客也會想來體驗這片沙漠。他們曾徒步穿越撒哈拉，駕駛四驅越野車進入死亡谷，騎駱駝穿越納米比沙漠。毫無疑問，他們肯定願意跳上加壓探測車後座，橫越火星浩瀚的埃律西昂平原（Elysium plains），前往一窺五公里深的水手峽谷裂隙，或者佇立凝望火星北極冰帽那片廣袤白色荒野。是的，我們可以很容易想像，熱愛冒險的靈魂會把火星列入他們夢想度假的心願清單。但同樣也很容易想像的是，過了一、兩個星期，他們就會準備返回地球。來到撒哈拉健行的旅客，沒有幾個人會自發決定放棄家園的舒適生活，從此在沙漠中度過餘生。同樣道理，火星有可能適合當成一趟稀罕、昂貴和新奇的體驗，卻也不適合當成家園。

如果考量經濟利益而去開發火星，結果就更難以預測了。在財富的誘惑下，可以驅使人們去做其他人認為瘋狂的事情。如果火星沙塵底下真的埋藏了寶藏呢？我們不知道火星上有沒有可吸引大批採礦者湧入的任何礦物或稀有礦石，但誰又知道呢。這並非無法想像。火星也可能成為太陽系其他活動的籌備據點，例如開採位於紅色星球和木星之間的那片小行星帶中的大量鉑族元素、鐵和水。與太陽系區域的其他選擇相比，火星受到的保護相對較好，採礦公司有可能把勞工和設備安置在那裡。

即便到那時，也很難想像要在火星岩石沙漠中立足生根。短期居留似乎仍然最有可能。我們或可設想一幅火星基地站的景象：一群科學家、遊客和礦工聚集在一家酒吧，他們各自因為本身的興趣齊聚一室。他們會享受孤立而產生的同志情誼，但是待夠一段時間，他們就不會再多盤桓。遊客會搭乘自己的航班回家，科學家會留下直到資金用盡，礦工則會在輪班結束時離去。由於還沒有人去過火星，那裡的沙漠仍然籠罩在浪漫之中，不過一旦人們親身體驗了那種環境，想法可能就會改變。

各位只須看看我們自己這顆行星，就會對火星的房地產熱潮抱持懷疑。考量一下加拿大高緯度北極地區的人口密度約為每平方公里零點零二人。拿這個來與倫敦相比，倫敦的人口密度約為每平方公里五千七百人。為什麼會有這樣的差異？嗯，我們可以提出的理由也包括前往北極地區的艱困挑戰。或許加拿大政府只需要積極一點，像是給予移民公民身分，提供財務獎勵，支付移民的搬遷費用。但我猜想就算這樣仍然不夠。你可以安排好所有的後勤和便利措施，然而絕大多數人依然寧願留在原地——寧可支付天價租金來享受倫敦的好處，也不願意忍受加拿大極北地區攝氏零下四十度的嚴冬和荒涼。

對某些人來說，這些極端狀況就是家園的一部分，好比因紐特人。然而對大多數人類而言，基本上屬於亞熱帶型物種的我們，不論提供多少獎賞，都不足以讓我們搬到努納福特（Nunavut）極地，更別提火星了——而努納福特還遠遠更為宜人。北極高緯度地區有可以呼吸的大氣，有許多野生動物能提振精神；水相對容易取得，輻射水準與地球上其他任何地方相比大致相當。即便是北極極北地區的嚴寒極地沙漠，也比火星能提供更多的感官變化。而且，就算條件嚴苛，也不至於馬上奪人性命。

假定我們忘了所有這些事實，暫時假設火星就像北極高緯度區同樣吸引人，而且我們能夠輕易地把人帶到那裡，就像我們把人帶到地球極北地區那麼容易；接著若更進一步假設，最後結果就是紅色星球全境達到與北極相仿的人口密度，那麼火星人口仍將不到三百萬。這僅只是地球人口的百分之零點零四。這無疑會是人類的新前哨站，我們手中的嶄新利器，也是個值得考慮的深刻現實。我們會成為一個多行星物種，如同第七章討論到的內容。但是以作為人類的文明熔爐而論，火星幾乎沒辦法和地球相提並論。

我懷疑會有多少人迷上紅色星球的夢想，而且最終有可能真正搬到火星。我想知道會有多少人能待下來。一旦新奇的興奮消退，會有多少人看著那裡塵土飛揚、滿布巨石的平原時，心中渴望鳥語花香、雨聲淅瀝還有秋色春暖？那些充滿希望和煩躁不安的人，或許會在火星上暫時安頓下來，但有誰想要把那裡當成家園呢？

身為科學家，我不由自主被火星的影像、它的景觀和它過往的水世界所吸引。我想竭盡所能從火星學到最多的知識。然而，我無法擺脫這樣的想像，在遙遠的未來，許多冒險前往火星的人，都會體驗到羅伯特·史考特隊長歷經兩個半月拖著雪橇穿越白色荒野，最後抵達南極時的相同感受。「天啊，這真是個可怕的地方，」他驚呼道。某一天，類似的話語會從火星居所中傳出。而且我猜會有一些人接著說，「帶我回約克郡吧。」

NASA 提出的這款月球基地設計圖，看來令人興奮又充滿未來感。但太空殖民會是個依賴性群體，受制於密閉的生活空間、靠機器生成的氧氣以及其他絕不容許失效的生命支持設備和安全系統。在這樣的基地，能有多少自由可言？

Chapter 13

太空會是專制獨裁還是自由社會？

Will Space Be Full of Tyrannies or Free Societies?

在一次討論科學論文的會議之後，搭了趟計程車從威瓦利前往布倫茨菲爾德大道。

「你是做哪一行？」我們轉入市場街時，我的計程車司機問道。他動個不停，忙著在儀表板上翻動文件，在座位上扭來扭去，不停想找個舒適的姿勢。他有一頭粗短褐髮，穿著寬鬆的過大黑色T恤。他一直瞄著後視鏡，似乎在期待交談。

我非常疲累，並不是那麼想要談話，簡單解釋了我的工作，接著就設法把話題丟到他那邊。

「有機會的話，你會去太空嗎？」我問道。

「我想我會的，」他回答道。「那會是真正的逃離這裡，至少暫時如此。也許不會定居。」

我在前文已經分享了我對逃離受損地球的

看法，所以沒必要再詳述我對這種概念的反對意見。但我的司機心中想的，似乎還不算真的想離開這個被人類破壞了的地球，而是希望有機會嘗試到別處過一過新生活，起碼試個一段時間。毫無疑問，這種認為太空社會與地球截然不同的想法已司空見慣。畢竟，好萊塢的科幻作品長久以來一直縱容我們渴求逃避。好比《星際大戰》和《阿凡達》這樣的電影，總是將宇宙轉化成我們幻想的樂園，放任想像力自由奔馳的廣袤無垠空間。這個宇宙中的世界是我們創造出來的產物，反映了我們的希望和恐懼。它們有可能是任一種烏托邦，也可能充斥著邪惡。偶爾，也會有才華洋溢的創作者想像出一個複雜性和深奧程度都與人類社會不相上下的宇宙文明。這些娛樂作品提出了一個有趣的問題：那裡有可能真正出現什麼樣的社會，生活在其中會是什麼感覺？我想試探一下我的司機怎麼想。

「但你認為你能逃避什麼嗎？」我問道。「太空的環境非常極端，你得依賴其他許多人才能活下來。」

「我知道你會待在一個金屬罐裡，不過你還是可以擺脫這裡的所有麻煩。」他強調。

「但說不定到頭來你在太空會遇上更多麻煩？」我指出。「和待在鐵罐裡的問題相比，說不定你很快就會想念下面這邊的所有問題。」

他沉默了一陣。我們轉進布倫茨菲爾德廣場時，唯一的聲響就是方向燈的滴答聲。

他終於開口說道。「你肯定是對的，」他承認。「我很快就會盼望回家。但我有一段時間會在別的地方，有些不同的體驗。」

這種「逃避」的持久吸引力很讓我著迷。即便你要面對一個罐頭居所，而且裡面沒有任何你想要與之共度時光的人，這種可能性依然像賽壬海妖（Siren）呼喚眾生那般誘人。在地球上，經過一萬年社會、政治和經濟方面的持續發展，已經構成了我們根深柢固的觀點。儘管其內容各不相同，但它們都受到地球上人類經驗的束縛。這也難怪太空似乎提供了某種真正全新的可能性——那是一種與我們母星任何社會都截然不同的社會。異星的激情帶上了一抹幸福的色彩。

當寇克艦長宣布他的任務是探索陌生新世界並尋覓新文明時，我們被帶進了一個理想化星際旅行的未來，在那裡繁瑣的經濟困境似乎不復存在，與丈母娘和稅務機關的爭執也煙消雲散，我們就只剩下探索。單純把前進太空想像成一種萬靈丹和解放行動，這樣的願景有多符合現實呢？如果人類有一天成為地外異星人，我們的外太空社會將是自由的還是專制的？哪種形式的政府最好？

這些問題少了逃避現實的夢幻浪漫色彩，但我們不該假裝太空中不會有政治。儘管政治好像跟外星人毫不相干，但人類建立的社會實際上是宇宙生命問題的一部分，以及生命（在這種情況下就是我們自己）如何適應新的邊疆的問題。當人類進入太空，我們也一起帶著那些關於如何治理自己和實現美好社會的古老議題。生活在太空和其他星球上的集體問題是巨大的。首先，不論你在太空中的哪裡，環境都是極端的，因此需要複雜的補救措施，而這不是任何人能夠獨力完成的。

考慮到我們目前所知，還沒有哪顆行星——尤其是在我們的太陽系內——能讓人類立足而且不用依賴大量技術支持就能在大氣中呼吸。單就這一項就能引導我們進入重點。那就是要在太空中其他地方生活，我們會需要能夠提供最基本需求的機構——這些機構在地球上是不需要的。這項工作將會十分艱鉅，不過重要的是，這並非不可能。在最靠近我們的鄰居月球上，我們可以從在月球南極發現的水取得氧氣。極地那裡有很深的隕石坑永久處於黑暗，水分才得以保存在土壤中，否則早在陽光照射下蒸發了。我們可以挖掘那裡的泥土，加熱釋出水分，然後把塵土去除再加以電解處理，把水分解為它的構成原子，生成氫和氧。氫可以用於工業製程，氧則可以供給我們的肺。現在我們有了可以呼吸的空氣。

你很快就會注意到，這個相當繁複的過程需要許多人參與其中，才能將氧氣源轉化為能呼吸的新鮮空氣。首先，我們必須有人進入遍布岩石的月球隕石坑中挖掘含水土壤。機器人可以減輕部份風險，但仍需要人類操作員監督，並提供備用零件，這裡將有大量的工作需要協調。一旦我們取得了冰冷的土壤，必須有人來處理它，這是個多步驟的過程，涉及清潔、提取和過濾。此外還有其他人必須監督運輸事項，將水運往電解裝置並將它轉化為氧氣。然後，我們必須用管道將氧氣輸送到居住區和工作區。管道和泵也都需要維護。

就像我們在地球上得依賴自來水和電力供應一樣，月球上的氧氣供應將更至關重要，因此也更加珍貴。在地球上遇到缺水或停電，生活很快就會變得痛苦，對一些依賴呼吸器的病人來說，任何中斷都可能是致命的。不過我們大多數人都還能撐到這些重要服務恢復運作。然而氧氣供應就不同了。沒有氧氣，月球居民將立刻死亡。因此氧氣在太空中就成為了一個政治問題。任何人只要控制了氧原子與人類使用者之間的技術和物流，就能擁有巨大的權力。這個過程中的每個步驟，都替專制統治開啟了機會。

這是一個令人不安的想法，誰會希望我們的宇宙未來比我們的地球過往更加絕望呢？在人類歷史中，控制資源始終是獨裁者的目標。食物、金屬、水、土地、燃料……，所有這些以及其他資源都曾被用來將權力集中到少數統治者手中。但從來沒有人能夠控制我們呼吸的空氣。因此，當社會面臨可怕的暴政時，勇敢的人們能夠逃離。他們可以建造新家園或策畫革命。但是當空氣本身被一群官僚所掌控時，抵抗的能力就大大削弱了。若有人挺身質疑當局，抗議他們掌控氧氣的壓迫行為，他們很可能虛與委蛇假意賠罪，並提議打開氣閘，讓你在月球表面享受一、兩秒的自由。

類似的暴政可能會在其他天體上出現，即使那裡的環境不像月球那麼極端。前面曾提到，火星上有大氣層，不過我們無法直接呼吸，因為那裡幾乎都是二氧化碳。然而火星上的氧氣收集任務有可能擺脫集中控制。在火星上，要得到氧不必費心從水中提取，二氧化碳可以直接透過化學反應分解釋放出氧氣。或許每個人都可以擁有自己的二氧化碳分餾機，從而擺脫對統治者的恐懼。但先別那麼快下結論。這些機器仍然需要製造、配銷和定期維護。火星的居民仍然會很不愉快地受制於空氣製造商。

在太空中，食物和水也會成為權力的工具。在月球上種植一株小麥也非易事。首先，我們必須建造一個像溫室的結構體來提供大氣環境。由於月球幾乎沒有大氣層，實際上就是暴露在太空真空中，因此這個結構體必須能承受加壓，讓我們注入足夠的空氣供植物生長。我們還必須調節溫室的溫度。在陽光全力照耀下，月球表面的溫度會飆高到超過攝氏一百度；而在每隔兩週重現一次的極地夜晚，月球表面溫度又會陡降至攝氏零下一百五十度。在如此極端的條件下，種子還沒來得及發芽就死了。

月球土壤本身倒沒有那麼糟糕，主要由火山玄武岩構成，含有豐富的營養物質。在地球上，火山地形被歸類為最肥沃的土地之一。但有個問題，月球岩石缺乏植物生存所需的氮。此外，土壤已經被嚴重磨損摧殘。這些缺點可以改良，但必須投入大量的肥料成本，這或許可以借助人類廢棄物來補充，但我們還需要給替種子和新生嫩芽提供充足的水。我們知道這會是有多麼困難。

在火星上，這項任務比較沒有那麼艱鉅。普遍存在的地面冰，大大降低取得水分的困難，而且在加壓空間中的植物，也應該可以在富含二氧化碳的大氣中蓬勃成長，對植物來說，二氧化碳就是生命的氣息。它們可以進行光合作用，將二氧化碳中的碳原子轉化為糖分和新的生物質，供應始終飢餓的人類。但可別搞錯，這依然是一項棘手的任務。跟月球一樣，火星也受到高強輻射的影響。來自太陽的紫外線，由於缺乏臭氧層的阻隔，植物受到灼傷的速度要比在地球快上千倍。我們建造溫室必須採用玻璃材質，它們能有效阻擋有害的紫外線，或者也可採用抗紫外線塑膠。當然，這兩種材料在太空中都不容易製造。總而言之，想要供應一份簡單的沙拉都要各領域的巨大人力投入。

當然，這樣的努力是有辦法動員的。而且所有的相關技術，沒有一項超乎我們的能力範圍。就算目前可能還不齊備，但理論上我們可以開發出一切必要的工具、化學物質和材料。但更大的挑戰或許在於如何培育一個能維繫這種相互依存關係的社會，若是沒有這層關係，我們連生活的基本要素都會欠缺。月球或火星的生命支持系統中，有太多的關鍵點，有太多機會可以讓一個人或組織操控整個社會的生存。

一旦生命支持系統出現問題，都會危及眾多的利益，因此外星社會很可能萌生嚴密監控和強勢命令的文化。在那裡，無法容忍任何異議或突發奇想，畢竟，只要有一顆螺絲鬆動了，都可能釀成浩劫。地球當然也有風險，但相較之下就顯得微不足道。在我們的母星，我們可以設置警示牌警告落石或激流，然後讓民眾自行管理。但在太空裡，定居點壓力設置出錯或是氣閘維護不當，就有可能立刻造成大規模死亡。在這種情況下，當局可以輕易地合理化嚴苛的管控措施。安全總比後悔好——不幸的是，若有外星殖民不聽從內行人士所下達的指令，結果就會危害無數生靈的性命。全體居民很容易受鼓舞自發巡查現狀，因為環境本身就是共同的敵人，社會整體須團結對抗。想要生存，所有人都必須加入戰鬥。抱持異議就會迎來死亡。

在這樣的社會中，對權威的默許很可能會壓過個人的自主性，因為人們別無選擇，只能依賴那些負責維持他們生命的人。這種情況強烈違背了政治自由主義，因為自由主義認定個人自主性是美好生活和開放性社會的基石。這是約翰・洛克（John Locke）和約翰・密爾（John Stuart Mill）所倡導的觀點。然而事實證明，自主性是取決於背景情境的。在地球上，食物和水的供應都十分豐沛，我們呼吸空氣也沒有任何限制，因此取得獨立的機會相對容易。但在必須與他人進行複雜合作才能獲得這類基本生活必需品的情況下，個人意志就無可避免要大幅縮減。

在外太空環境，自由受到自然限制，專制主義的大門於是敞開。殖民地的管理者會有許多聽從他們指令的人，這將導致專制統治的滋長。誰能阻止他們從聽命者身上榨取忠誠，甚至奴性呢？一個獨裁暴君甚至不需要護照限制或者像是高牆那樣的物理屏障，因為人們根本無處可逃——沒有孤立的森林或洞穴可讓反抗力量集結。要逃脫就會需要太空船，那可不是什麼易得之物，特別是我們可以假定，當局一定也會管制這類交通工具。

我們開車穿越愛丁堡市中心，那是處生氣蓬勃的地方，人來人往，商店林立。我再次跟我的司機聊起來。「難道你不會覺得，一直待在非常小的團體中，比如說你一輩子都在一個太空站裡，那不會讓你非常壓抑嗎？」我問道。現在應該很清楚，我不是對太空抱持悲觀的人，遇上機會我會毫不遲疑地上火星。但我認為保持清醒的頭腦很重要。我的司機是不是太過於樂觀？還是他願意接受逃跑可能會變成一場噩夢？

事實上，我的司機給了我不同的答案。「沒錯，沒錯，」他回答。「但彼此依賴，彼此需要，可能也是一件好事。那會促成同志情誼，人跟人之間會有共同的聯繫，這會產生一種真正的使命感。」他指出。

我認為他說得很對。身處太空會培養出強烈的社群意識，進而產生一種不同形式的自由。這種自由是共同完成個人無法獨自完成的事情。藉由努力運用殖民地資源來對抗致命的太空環境，殖民者就能體驗到這種源於共同努力、共同目標的集體自由，或許也包括代表群體利益的政府。

對於這種集體形式的自由，自由主義哲學家應該會抱持高度懷疑。畢竟，他們鼓吹的觀點認為，自由是不受束縛之個體的權限，但其實古人早就有類似的集體自由的願景。古希臘的「城邦」(polis)並不是以我們當代注重個人主義的觀念來定義，當代的觀點強調個人自由的行使，儘管這樣做很可能對更廣泛的社會釀成潛在的危害。相反的，在城邦中，公民藉由積極參與政治活動來實現自我潛能。沒有了城邦，孤立的個人就什麼也不是。鑒於人口稀少以及缺乏現代化的基礎設施，這種集體主義是實現繁榮的必要條件。古雅典的巔峰時期也僅只有十四萬人口，如此小的團體，若每個人不為團體盡自己的一份力量，他們就沒辦法經營一個帝國。其他的古代帝國，像是中世紀的蒙古帝國，也是個人臣服於更大的社會體系，才能實現類似甚至更大的成就。藉由全心投入社會事業，個人才不會因為孤立而被邊緣化，在那種狀況下，他們的抱負必然會被抑制。相反地，在集體中他們才能實現自己的潛力。

我想，你現在可能會同意這種觀點有可取之處。即便是我們現代最講求個人主義的個體，也能從社會的協調中獲益。沒有了它，我們就不能在假期搭機外出，購買我們想要的食物，觀賞我們喜歡的電影。我不必嘮叨詳述製造飛機必須有什麼樣的集體努力的完整網絡，才能讓我們從一座城市安全飛向另一座城市。今天，我們抱持的觀點和古人非常不同，然而我們依然是城邦的一部分。只是由於集體的龐大規模和範圍，讓它彷彿無形，我們眼前通常只看到自己的個人目標，卻沒有意識到，如果沒有集體行動所帶來的好處，我們也就無法實現這些目標。

月球或火星上的移居者有可能建立他們自己的雅典城邦，他們無法假裝否認這一點。殖民計畫要成功，就必須投入巨大的努力。當人們受限於複雜的生命支援結構的約束，人口規模小又很密集，意味著每個人都會在近範圍內工作。想要逃避或忽視公共事務的管理是辦不到的。也許生存的極度困難，會孕育出一種對自我抱負不那麼投入，而更注重人人仰賴的社群抱負的觀點。如果這是外星城邦的最終狀態，或許一切都會很好，或許太陽系將會成為一群像雅典一樣的城邦，結合在一起，形成一個外星版的提洛同盟（Delian League）。

然而，團結也會有令人不滿之處。我的司機明白這一點。沉默了一陣子，他再次開口，但這次有比較多的猶豫。「我敢打賭，在那裡會有很大的同儕壓力，」他說。「在一個小團體裡，你必須融入。如果做不到，你也無法擺脫。但我想，接受它也挺好的，你知道，只要成為其中的一分子，不必去擔心那些事情。」

的確，順從社會秩序以獲得歸屬感確實能帶來慰藉，然而也會有危險。當我們放棄道德責任，卻讓一個更高權威替我們做出抉擇，結果確實有可能十分糟糕。領導人利用公眾的默許，遂行他們心中的秩序概念。漢娜・鄂蘭（Hannah Arendt）有個著名的事例，她訪問了前納粹分子，希望了解他們為什麼心甘情願、甚至迫不及待地順從那個最終走向專制暴政的組織。最後得出的答案讓她飽受震撼也引人深思：她的訪談對象幾乎全都不敢面對自己該負責的挑戰。要他們自己做出決定、履行決策並為失敗的後果負責是艱鉅的。只要順從他人的意志，讓一種集體意識形態來提供簡單的答案，這些納粹分子也就減輕了自己的負擔。他們自由了——免於做出艱難的人生抉擇的自由。他們的失敗是他們無法控制的更大系統的失敗。

這真是一大諷刺。縱容自己順從不可動搖的權力以尋求解脫，正是許多人類苦難的根源。沒有理由認為這種根源到了太空就會消失。在太空站或月球殖民地，只要有一項安全查核被忽略了，就有可能釀成可怕的損失，個人的責任很可能是一場夢魘。一些移民肯定會發現，放棄責任比較輕鬆，預防性地先自行免除責任，同時也為專制政體埋下了種子。

那麼，或許太空的專制獨裁者不需要費力確保群體的順從。相反地，外星環境的惡劣條件本身就會鼓勵許多人自願被奴役，因為每個人都想要逃避承擔可怕的後果。仁慈的獨裁者只是想把我們從惡劣、野蠻和短暫的生活中解救出來，我們為什麼不共享服從的自由呢？

說到這裡難免讓我們灰心喪志。如果太空是養成專制獨裁者的地方，我們就不必為太空移民的夢想去費心了，更不用說實際付諸行動。因此，讓我用這段話收尾。我對這件事情的看法不同：我不認為專制政體是外星殖民的必然結果。太空邊境完全有可能孕育出比新的社會型態，比人類迄今所創造的一切更有助於普遍的繁榮。太空是一塊白板，是進行約翰・密爾所謂「生活實驗」的完美環境。離開地球有可能孕育出新形式的藝術、音樂、科學等等，以及讓每個人都能在其中茁壯成長的新社會形式。但我們不該對危險視若無睹。我們知道自己是極容易犯錯的生物，而且太空中的環境條件也明顯能誘發出我們最黑暗的一面。太空確實有培育專制體制的天然土壤，正因為如此，我們更應該面對這個事實，竭盡全力發展出能帶給外星殖民光明前景的治理機制。雖然我們前進太空有可能避開地球上的若干問題，但人性的黑暗面不會突然消失，當我們的太空船發射升空時，它也會與我們同在。

北極熊和獅子受益於環境保護計畫，但藍綠菌，比如這個念珠藻群體呢？構成該群體的個別微生物只有幾微米寬。我們應該關心它們嗎？

Chapter 14

微生物值得我們保護嗎？

Do Microbes Deserve Our Protection?

從布倫茨菲爾德搭了趟計程車前往金納德堡（Fort Kinnaird）。

「你把你的計程車清理乾淨了。」我一邊懶洋洋地坐進光潔發亮的黑色座椅，一邊這樣說。空氣中飄著一股消毒劑的氣味。

「那當然了，」司機氣沖沖地說道。「昨晚有個女士吐在我的車上。她喝得爛醉，上車才不到兩分鐘就吐了。老天，我討厭這樣的星期五晚上。別誤會，我不介意人們外出享樂，但如果他們控制不了自己，我就得清理這一團亂。」她轉過身幾乎面朝著我，一邊用手勢指著座位示意，表達心中的挫折。她邊說話，蓬鬆的棕色頭髮一邊上下晃盪，臉上擺出怪表情。她那有寬鬆墊肩的藍白條紋外套和中年人的嚴肅神態，讓她的惱怒顯得更加真誠。

「這或許是徹底清理一番的好理由，」我說。「我想不起我什麼時候曾經這樣整理過我的車子。我想應該從來沒有。」我有點訝異自己突然被帶進她的憂慮。她搖了搖頭，我覺得或許她需要一些哲學思考來轉移注意力。就在前一天，我讀到一篇科學論文，討論如果我們在火星基地發現微生物，是否該將它們消滅。

「假如妳的計程車沾滿了外星微生物，妳會不會幫車子消毒？」我問道。「來自火星的微生物？」她沒有回答，只是側著頭從後視鏡盯著我，很明顯看出我不是在開玩笑，而且正盯著她等待答案。「你是說真的嗎？」她問道。「你的意思是，就好像我開計程車載了一車外星人。然後我會不會把車子給清理一遍？」

「是的、是的，就是這意思，」我回答道。「若是妳發現那個爛醉女子留下了一個裝了罕見的火星微生物容器在妳的計程車裡。妳還會把它清理乾淨嗎？」

「當然會。我的意思是，它們來自火星又怎麼樣？誰在乎？反正我還是會用漂白劑來消毒。」

「就算它們很不同，我是說真正很不同的火星微生物？」我實在無法釋懷。

「你似乎認為它們很有趣，但我會消毒它們。」

她靜靜地坐著，再次從鏡子盯著我。她對過去的二十四小時感到非常厭倦，而我招惹她生氣的程度，和昨晚那位喝醉的乘客一樣多。我的司機對微生物的態度可以理解。如果我是她，我也會用漂白劑來替我的計程車消毒。但如果我們要清潔的不是廚房或計程車，情況就不同了。

參加環保集會，或是在氣候變遷會議期間在聯合國外面靜坐。注意看標語：「拯救微生物！」、「為真菌伸張正義！」，還有「我支持黏菌！」。嗯，你不會看到這些。你也不會看到皇家微生物保護協會，世界微生物基金會，或者你能想像到關心微生物保護的各種組織代表。就大多數人來說，保護微生物這種想法似乎很荒謬。我們每天都在消滅它們。我不知道當你漂白廚房表面時殺死了多少微生物，但很可能數以百萬計。要求保護某些受到威脅的細菌的人會被當成瘋子，或者至少是缺乏某種判斷力。

然而，這些不起眼的生物卻是我們生物圈的核心。我們看不見它們也常常不認識們，但它們是生物界的英雄。然而我們往往只有當它們把我們的生活弄得一團糟時，才會想到它們。例如當它們引起食物中毒時。每年，光是在美國就約有四千八百萬人因劣質食物致病，其中約十二萬八千人住院，約三千人死亡。因此生產消毒劑的製造商會很樂於宣稱他們的產品能殺死「九十九．九％的已知病菌」，也就不足為奇了。同樣，「細菌」這個詞也變成描述微生物的貶義詞。沒有人想要感染到你身上的細菌。

十七世紀時，一位好奇的荷蘭布匹製造商安東尼．范．雷文霍克（Antonie van Leeuwenhoek）設計了一些小型玻璃顯微鏡，用來仔細檢查他要銷售的布料品質。他想確保他的材料是市面最好的。不過當他觀察布料感到有點煩悶時，他將注意力轉向池水，甚至從他的牙齒上刮下的齒垢。他對自己的發現大感驚訝。他在顯微鏡下看到的是一群微小的動物，他稱之為「小動物」(animalcules)。

這些成群繁殖的微小生物激發了當時人們的想像力。比一根頭髮還細小的微生物，開啟了一個小人國般的世界。有段時間它們都被視作無害而且非凡的存在，發現它們被視為科學進步的一大成就。

但後來情況急轉直下。羅伯特·柯霍（Robert Koch）、路易·巴斯德（Louis Pasteur）和其他許多人開始分析微生物的世界，很快就揭露了一個可怕的祕密。這些瞬息萬變、生氣蓬勃的細小生命形式是最可怕疾病的先兆。一個世紀以來，它們的罪行清單不斷增加：黑死病、斑疹傷寒、肉毒桿菌中毒、炭疽病。面對壓倒性的證據，微生物世界只能舉手投降，坦承認罪。「你們的懲罰是，」人類法官宣布，「從今天起，你們會被稱作病菌，你們在我們當中出現會給你們帶來應得的恥辱。不得上訴。」嗯，你根本不能怪人們。十四世紀的黑死病肆虐歐洲，消滅了三分之一人口。單憑那場疫病就足以讓微生物世界永遠蒙受譴責。

然而，儘管人類開始怪罪微生物，一些科學家卻也堅信這些生物具有雙面性：它們確實能引發巨大災難，但這並不是它們生命的唯一使命。這其中有一位科學家是謝爾蓋·維諾格拉茨基（Sergei Winogradsky）。維諾格拉茨基於一八五六年出生於基輔，是一位才華洋溢、多才多藝的人物。他曾在聖彼得堡皇家音樂學院（Imperial Conservatoire of Music）就學，隨後放棄轉而研讀植物學，從而進入了微生物的世界。維諾格拉茨基最早認識到細菌在環境中扮演極具重要的角色。特別是，他發現某些細菌可以從硫元素中獲取能量。這就表明細菌不只是被動的「乘客」，在我們世界的微觀角落勉強求生。相反地，這些生物是地球上活躍的組成部分，不斷地轉化和攪動我們所依賴的元素。

考慮一種你身體需要用來維持生存的元素：氮。大氣中約有百分之七十八是氮，因氮的供應非常充足。但是這些氮原子都被禁錮在氣態形式中，一個氮氣分子包含兩個氮原子，它們緊密束縛在一起，無法用機械力分離開來。這時，我們的微小朋友們登場了，它們可以把原子扯開並重新排列。將氮氣分解之後，它們還把一些氫或氧原子附加到游離的氮原子上，製成了氨和硝酸鹽，這些形式的氮比氮氣更容易被吸收；氨和硝酸鹽都很容易溶於水，也很喜歡參與種種進一步的化學反應。這個過程被稱為「固氮」。每個微生物都是個微小的固氮工廠，它們共同努力，實現了驚人的成就。一個典型的微生物大約只有千分之一毫米（即一微米）長，但它們的數量非常龐大。它們整體每年從大氣中提取令人咋舌的一億四千萬噸氮氣，轉化後提供生物圈養分。因此，儘管微生物確實有可能威脅我們的健康，但沒有了它們，我們也無法存活。

維諾格拉茨基和其他人完成的研究，證明了微生物世界的巨大影響力和力量。除了固氮之外，微生物還完成了其他許多關鍵任務。真菌分解死去的植物和動物，將遺體歸還給生物圈，供應下一代生命使用。細菌不只運用硫，同時也循環碳、鐵和生命的幾乎所有其他關鍵元素，就像個行星級生物摩天輪，週而復始不斷運轉，讓我們的生物圈不致像奄奄一息的引擎發出爆響。再貼近日常生活一點，我們要感謝微生物將糖發酵成葡萄酒和啤酒，醃製泡菜，以及對乳類施展魔法，讓我們能享用優酪乳和某些乾酪。如今，我們還運用微生物來製造藥物，以對抗它們的同類所誘發的疾病。還有，我們也別忘了微生物對我們身體發揮的重要作用。它們幫助消化我們的食物，分解肉類和蔬菜，這些活動讓它們成為我們保持健康的要素。你身體中大約有半數細胞是微生物；但你完全看不到它們，因為它們比人類的細胞還小。人們得知這點總是會感到震驚，怎麼自己竟然只是半個人類。至少從細胞的角度來看是這樣。

考慮到微生物在我們的世界造成的破壞，我們很難以善意的眼光看待它們，就好比試圖要原諒一個連環殺手一樣。但不論多麼困難，人們不得不接受的事實是，微生物釀成的人類死亡數量再多，也無法改變它們在維持生物圈運作上所扮演的重要角色。

那麼，為什麼沒有那種呼籲「拯救微生物」的T恤呢？這是個很有趣的問題，我不確定有沒有人有完整的答案。或許有很多傾向支持檢方的人認為，微生物根本不值得保護。此外，微生物的數量實在太多了，或許它們不需要我們的幫助。據估計，世界上的老虎還不到四千隻。而微生物呢？研究人員對此有爭議，但根據對海洋、土壤和所有其他微生物棲息地的統計，最近的估計表明，地球上可能約有一百萬億億億個微生物。它們並沒有瀕臨滅絕，沒幾個人覺得有必要關心。

微生物的模樣也不是非常討喜，長相對人類的同情心有很大的影響。你看過有多少T恤上面寫了「拯救瀕臨滅絕的小蜘蛛！」或者「拯救瀕臨滅絕的腸道寄生蟲！」？微生物並不是唯一被環保人士冷落的生物，請原諒我的失禮，大多數人都對海豹、熊貓和其他臉蛋長得可愛的生物感到激動。正如環境倫理學家歐內斯特・帕特里奇（Ernest Partridge）所指出，任何具有「天啊，好可愛！」因素的事物，最能夠引起人類的關注。

儘管微生物為我們做了這麼多，我們對它們卻仍缺乏同情心，或許最好的解釋是因為它們很難被看見。對它們來講，「眼不見，心不煩」或許就是真實的情況。想像一下，如果北極熊只有千分之一毫米長，而微生物的大小相當於一隻狗呢？可憐的微生物可能仍然會很醜——像一袋袋在湖中浮蕩的水囊，有些還長了奇怪的鞭狀附屬器官，拍打水面並發出恐怖咕嚕聲。它們四處游動，尋覓食物碎屑來啃食。毫無疑問，有些人會像餵鴨子那樣餵養它們，但至少你看得到它們，只要你排乾一個湖，它們的命運會都會無比真實。與此同時，在這個另類世界中，數百萬隻顯微體型的北極熊在一匙土壤中無影無形地扭動著，你恐怕不大可能想發起運動來保育它們。當然了，微生物大小的北極熊是很不現實的，但這並不是重點。從這個想像的實驗中，我們應該可以得出結論，動物的大小是影響它們是否引起我們注意的重要因素。微生物的微小尺寸或許與我們遲疑而不認真看待它們的保育，有很大的關係。

另外，還有消費社會的影響。當每種清潔用品的廣告都強調產品能最大限度地殺死微生物時，我們就學會了它們不值得拯救。這種毫不留情地漂白殺害微生物的做法，強化了微生物是敵人的觀點，然而在很多時候它們都是我們的夥伴。

微生物是不是已經註定無法挽救？先別急。在澳洲西部的鯊魚灣（Shark Bay）海岸線上，到處分布了點點奇怪的圓頂結構。這些棕色、黑色和藍色的疣狀突起，被稱作疊層石，最大的直徑可達一公尺。它們座落在沙灘上，任憑潮水來回沖刷。疊層石看起來就像岩石，但其實它們個個都是由層層疊疊的細菌——準確來講是藍綠菌，夾在粗糙的沙層之間所形成。而且既然是具生命的物體，疊層石是會生長的。當沙子向下沉陷，行光合作用的藍綠菌則向上移動，捕捉陽光，也讓圓丘擴展。疊層石是鯊魚灣世界遺產區的瑰寶，擁有「活化石」的稱號向好奇的大眾展示。在距今超過三十五億年的岩石中，已經發現了它們的化石。觀察疊層石，就像是回到地球生命期的黎明，那時這顆星球上除了微生物之外什麼都沒有，動物還需要再過三十億年才會出現。我向澳洲人民致敬，因為這是真正的微生物保育實例。

約二十年前，科幻作家約瑟夫・帕特魯奇（Joseph Patrouch）寫了一段有趣的故事，描述一個未來的反烏托邦社會，微生物的權利得到了全面承認。除臭劑被禁止使用，你不准打掃房子，也不准洗頭。這當然是一種諷刺文學，點出了把微生物當成老虎來保護的荒謬性。然而，鯊魚灣的疊層石確實是受到保護的微生物群落。它們尺寸很大，肉眼可見，擁有獨具的美感，它們的堅毅持久令人驚嘆。鯊魚灣的藍綠菌確實值得人類賦予關注，這是幾乎所有其他微生物都享受不到的榮譽。

我們該如何調和這種矛盾，在保護鯊魚灣疊層石和講求衛生消滅微生物之間取得平衡？我們的一些抉擇或許並不是最佳選項：人類數千年來不使用除臭劑也活了下來，儘管這項發明讓我們深信特定的氣味有某種價值，但沒有它們，我們或許仍然能過下去。但是，打掃住家或過濾用水不僅僅只是為了避免產生被認定為惡臭的氣味，我們的健康和壽命隨著衛生條件的改善大幅提高了。因此，我們應該抱持的觀點或許是，可以的話就保護微生物，但我們並不是時時刻刻都有義務這樣做。

相同道理，我們有許多人反對無端伐木毀林，但我們或許並不反對為了取得木材或造紙而砍伐一些樹木。

假如我們更關注微生物所發揮的用途，或許我們就會更注重保護它們。我們可以回顧維諾格拉茨基等先驅者的研究，認識微生物在元素循環、分解廢物以及確保生態系統整體健康方面的關鍵角色。微生物是食物鏈的第一環：捕捉陽光、固定氮氣、收集自然界其他一切生物所需的種種不同元素，微生物確實是所有生命的基礎，同時也可以成為環保倫理的根基。我們往往關注受水污染影響的魚類和青蛙，然而更重要的是，污染會殺死許多棲居水中的浮游生物和其他微生物。失去了它們，最終就會危害到我們看得到的較大型生物。我們不需要為了微生物自身的利益來拯救它們，但保護它們對地球上所有其他生命都有好處。微生物是生物圈中看不見的支柱，是藏匿在牆壁和天花板中的支撐結構，即使看不見，它們依然撐起整個建築物。

我們可以在不陷入禁止漂白劑的這種荒謬極端狀況下，推廣對微生物的保育認識。例如，我們不要把所有池塘都排乾來蓋住宅，或許我們可以採取比較細緻的方法，把當地微生物也納入考量。是的，有些池塘確實沒有什麼特別之處。但有些池塘則含有罕見的重要微生物。若是我們更認真地看待微生物在維護我們生態系統中的關鍵功能，我們或許就能更有效地判別不同水域之間的差異，並據以選擇建造住宅的基地。既然我們可以對鯊魚灣的疊層石讚嘆敬畏——的確也應該如此，我們應該也可以學會尊重一座不引人注目卻也至關重要的當地湖泊。或許，在T恤上印刷「拯救微生物！」的主意，終究不是那麼愚蠢。

那麼，對於那些真正可怕的微生物呢？像是那些大規模的殺手。例如追殺天花病毒讓它們徹底滅絕，是否可以接受？自西元前三世紀以來的大部分歷史中，天花始終對人類造成嚴重威脅。這種病毒性疾病在埃及的木乃伊中就已經發現，而且光是在二十世紀，就殺死過將近三億人。約有三分之一的天花患者會失明，並在皮膚上長滿膿瘡。然而如今我們不必再擔心天花了。事實上，我們現在已經很難理解，這種疾病曾經造成多麼可怕的災禍，而且曾經是世世代代的恐怖日常現實。我們要感謝疫苗科學和世界衛生組織的努力。從一九五〇年代開始，世界衛生組織領導推動一場英勇的全球倡議，透過對人類接種疫苗來根除天花。這是首度為對抗單一微生物而發起的全球規模行動，取得了驚人的成就。最後一起自然發生的天花病例出現在一九七七年的索馬利亞。感染者是一位名叫阿里·馬林（Ali Maow Maalin）的醫院廚師，他活下來了，康復後還成為倡導疫苗接種的活躍人士。

我完全理解我的司機為什麼想要用漂白劑消滅任何可能造成危害的東西，但要不要趕盡殺絕？我問她，「如果我們能夠把最後一種真正惡劣的致病微生物逼到絕境，比如天花，那我們應該徹底消滅它們嗎？」她陷入短暫的靜默，困惑地搖了搖頭。「當然要消滅它，」她喊道。「既然已經花了這麼大力氣圍堵它了，為什麼還要讓它在世界重現？」

我相信許多人都會同意。但請試想，如果有一個全球性的、有意識的計畫，目的是要徹底消滅最後的老虎和大象。這兩種動物對人類都很危險，但這樣做就會被視作瘋狂。我們是誰，在這個並不歸人類擁有的地球上，我們有什麼資格主宰與我們同住這顆星球上的生物死活，選擇哪些能活，哪些得死。人類到底有多傲慢？有可能我們刻意消滅的某些物種，在地球上存活的時間比人類還要長久好幾百倍。為什麼天花沒有權利繼續與老虎和大象共存？我的司機的反應可以理解，但其正確性未必那麼確鑿。

事實上，天花並沒有完全被消滅。美國的疾病管制與預防中心（Centers for Disease Control and Prevention, CDC）以及俄羅斯國家病毒學與生物技術研究中心（State Research Center of Virology and Biotechnology, VECTOR）各自保存了一批天花病毒樣本。儘管天花的最終消滅日期設定為一九九三年十二月三十日，但我們似乎太害怕了，不敢完全撒手。或許，有人認為，它會在哪裡再次現身，到時我們就會需要手邊存有一批病毒，好用來研究並防範可能的爆發。天花之所以暫緩處決，正是由於它太可怕了。但在天花中還包含了一個核心難題：什麼時候一種生物會變得邪惡到毀滅它們也是理所當然？在哪種情況下，蓄意的滅絕行動可以被接受？微生物的倫理議題從來就不簡單。

當我們搭太空船前往其他星球時，事情變得更不明確了。當我們在其他星球發現生命時，關於天花和漂白劑的爭論就有了新的維度。如果我建議消毒殺滅火星上的所有微生物，騰出地方來建立人類的基地，我想你會感到駭異。但請暫停一下。為什麼呢？你會用漂白劑消毒你的房子，為什麼火星的微生物就該得到特別待遇？我猜想你會回應，這些微生物只不過按照自己的方式，在火星上快樂地生活。我們有什麼資格來到這裡，把它們殺個精光？

這種觀點蘊含了對生命的尊重，一種將火星微生物的存續放在我們自身利益之上的尊重。就像倫理學家說的，置於我們的工具性用途之上。這種尊重很難界定，即使是倫理學家，也很難在不涉及感情的前提下定義這樣的感覺。但我認為這確實抓住了我們對待生命的一個基本態度，那就是相信其他生命，不管它們如何盲目地生存，都有權繼續活下去。或許這也反映出一種與生俱來的謙遜感。摧毀火星上的整個生物圈，即便只是微生物，對人類來說都是一種負面的表現，顯露出我們不想在自身上看到的殘酷本性。

也許，摧毀火星微生物的想法在你心中所激起的感受，就像你看到一個漫不經心的青少年參觀鯊魚灣時，在海灘上的層疊石跳上跳下，把它們一個又一個地踩壞。這時你可不能告訴我，你心中憤怒的起因是由於你對藍綠菌的先天愛好所致。僅僅在上個週末，你或許就把你車上的一堆藍綠菌給清洗沖掉，讓它們消失無蹤。你的憤怒更可能來自於這個青少年的行為：對生命的輕蔑，毫無意義的破壞。這樣感受並不意味著我們有義務保護所有微生物的生命；我們很可能還有其他的利益，合情合理地列在微生物之前。但起碼就層疊石來說，它們不應該受到干擾，因為我們可以感受到，有生命的事物具有某種先天的價值。即便毫無價值，也不應該被毫無理由地濫殺。

我們還沒有發現外星生命，但光是思考其他地方的微生物，就能激發我們思考我們與自然界的關係。我們視為理所當然的事物，好比細菌，有可能突然變得重要起來，這在我們之前的日常生活中卻不曾考慮到。當我們設想它們在火星沙漠中爬行，並思考我們應該如何對待它們時，我們就會獲得一種嶄新的觀點，幫助我們理解我們在地球上對待它們的方式。

就打掃房子、清潔汽車，以及洗頭髮等方面，我同意我的計程車司機的看法。我讚揚醫學方面的長足進展，讓我們能夠消滅微生物疾病的傳播。我和致力克服我們抗生素耐藥危機的科學家們並肩站在一起，因為我們需要找到新的方法來對付經過演化能避開我們保護性藥物和疫苗的微生物。但我也喜愛微生物世界。在地球上眾多類型的微生物中，只有少數幾種會給人類惹來麻煩。我們沒有理由仇視它們全體。我喜愛老虎，儘管我知道有些老虎曾攻擊過人類。

微生物在地球上生存超過了三十億年，它們對生物圈不可替代的貢獻，以及它們不求回報地努力創造出適合我們生存的世界，這些都是尊重微生物的充分理由。確實，我承認我對它們有一定的崇敬之情。在地球上有足夠理由——更不用說火星了——可以讓我們穿上「拯救微生物！」的T恤。而且，是的，真菌也必須得到公平對待。

生命出現在地球的早期歷史中，或許就誕生在類似這樣的海底熱泉——所謂的燭臺熱泉，這座熱泉在三千三百公尺深處噴發熱流注入海中。

Chapter

15 生命是如何開始的？

How Did Life Begin?

搭了趟計程車從牛津站前往基督聖體學院。

我離目的地並不遠，不過正下著雨，所以我在牛津火車站鑽進一輛計程車後座。我要前往我拿到博士學位的地方——牛津大學基督聖體學院（Corpus Christi College），慶祝學院創建的五百週年紀念。

「你就住在牛津嗎？」我的司機問道。他大概六十出頭歲，我立刻感覺到他是個經驗老到的司機。他很快地左右轉頭查看路況，小心繞過在車站旁暫停的好幾輛計程車，接著向外朝主要幹道駛去。

「以前住過，現在沒有了，」我回答。「但回到這裡始終有家的感覺，或許還有一點點近鄉情怯。」

重遊年輕時走過的街道總有些令人心旌搖曳——這裡你曾經在派對過後的深夜走過，這裡你年輕的心靈曾因各種焦慮陷入困擾。這些街頭布滿了你的幽靈。我又和司機聊起我在這裡度過的一段歲月——就只有三年，不到學院創建歷史的百分之一。但就連那五百年，比起自從生命在地球上誕生迄今的這段時間來說，也是微不足道的。從那時到現在已經過去了四十億年；基督聖體學院只占了這段時間的〇．〇〇〇〇一二五％。從這個尺度來看，我在學院歷史中存在的時間，比學院在地球生命歷史中出現更為顯著。（而且說到底，在基督聖體學院的宏偉架構中，我也不是特別重要。）

「很容易理解我自己在這裡的時間，只占基督聖體學院歷史中的一小部分，」我告訴我的司機，「但還請你包容我有個奇怪的想法，當我們考慮到，學院只占了地球誕生以來數十億年生命很渺小的一部份，這反而更讓人感到謙遜。與之相比，我們全都顯得相當短暫。」

「很難理解這麼久遠的時間，這完全不是我們平常會思考的事情。」他回答，我點頭表示同意。人類的心智很難真正理解幾個世紀代表什麼意義，更別提數十億年了。這只是一個很模糊的時間跨度，我們很難真正理解一百萬年和十億年之間的差別。這些是生命出現時所跨越的時間尺度，考慮到所用的時間，生命的出現是必然的嗎？前往基督聖體學院的這些生物，是否只是某種化學組合的偶然產物？或者在地球早期沸騰冒泡的池塘中，必然會出現某種形式的生命——這些生命有朝一日會擁有智慧？當我們討論起我對生命起源的興趣時，我的司機也想到了這個必然性問題。

「時間這麼漫長，」他說道，「幾乎任何事情都可能發生。這一切是如何開始的，這是必然的嗎？」

這個問題應該會讓所有人著迷，儘管沒有人能夠回答。但我們很少會這麼直接地提問。倫敦有一位司機曾經問我，宇宙中是否到處都有外星計程車司機，這個問題的背後更深的謎團是生命的必然性。不過這次，我的司機則是聚焦在問題的核心：這一切是如何開始的？當炙熱的地球從早期太陽系的熔融岩石凝固成形，是否先天注定這顆行星會充滿生命呢？不一定是經由上帝之手，而是依循物理條件。

這道問題的任何可能答案，都與其他地方是否存在生命密不可分。如果在適當的條件下，生命是必然的，那麼地球就不太可能是死寂宇宙中的一個特例，因為我們實在無法想像，在宇宙數十億顆行星當中，竟然沒有其他行星像地球一樣。確實，我們不應該假定只有類似地球的條件，才是唯一能支撐生命的條件。更令人難以相信的是，在一個包含地球的宇宙中，竟然沒有其他行星擁有類似這樣的條件。我的計程車司機的問題：這一切是如何開始的，還有這是必然的嗎？聽起來或許相當深奧。這似乎是人們在青春期會思考的那類難題，隨著成年之後的憤世嫉俗或是屈服在責任之下而不再提及。然而，這個問題至關重要，它激勵了無數世代的科學家。

我不會在本章的篇幅向各位揭露生命是不是必然的祕密。但如果沒有人能誠實地聲稱知道答案，至少我可以嘗試解釋我們已明確知道的事情。嚴肅的研究產生了一些引人入勝的想法。我們已經能夠排除一些理論——你應該還記得，這是科學方法的一個重要部分——並繼續測試其他理論，跟隨它們指引的方向前進。

以下是一種細密思考生命起源的方法。解剖這顆星球上最簡單的細菌，你會發現它擁有一些地球上所有生命共有的基本組成部分。換句話說，生命似乎有某種基本設計方案，有點像每輛車都有某些共同特徵。在各種形式和顏色的車子當中，每輛車都有引擎、車門和輪子。同理，我們發現生命的核心是一個跨越生物圈不變的底盤。很自然有人要問，這些基本構件從何而來，因為它們顯然是後來一切生命的基石。若是我們能理解這些生命基本要素是如何生成的，我們也就能更有效地在宇宙中尋覓其他有條件利於生命出現的地方。

生命的這類基本特徵當中有一種是封閉性（containment）。地球上的每個生物都有內部，包覆在一層表皮裡面，藉此與周圍環境區隔開來。在許多情況下，這處內部空間裡面還有更多本身也有內部，並與周圍的組織區隔開來的物體。這是個巧妙的解決方式，可針對一個主要被海洋覆蓋的星球上會遇到的問題，那就是在水中，東西往往四散分布。如果你將少量洗碗精倒入一盆水中，肥皂就會擴散並混合，直到它的顏色幾乎難以察覺。相同道理，若是試圖將一些生命需要的分子集中在海洋、河川或湖泊中，結果它們會被稀釋淡化。唯一的例外是病毒，例如冠狀病毒以及朊毒體（prion，也就是會引發狂牛症和其他疾病的畸形蛋白質）。然而這些病毒並不能自行複製。你也可以說它們是沒有生命的顆粒，它們仰賴其他生命充滿液體的內部空間，才能變得活躍並進行複製。

因此，對生命來說不可或缺的是一個袋子的結構，用來把它的所有東西都裝在裡面以免散逸。這種包覆結構存在於所有尺度的生命中，但在最底層，也就是一切生命的起點，就是細胞膜。地球上的每一個細胞都被這樣的包囊封閉起來，儘管這些包囊在生命動物園中各不相同，但仍有個共同的特徵：它們都是由一種特定類型的分子所構成。這些分子稱為磷脂，它們各有一個頭端和兩條尾端。頭端是親水的，它「喜愛」水，也很高興與水接觸；不過，兩個尾端是疏水的，它們排斥水。把一些這樣的分子添入水中，它們就會自發地做出了不起的事情。它們會形成一個球體，親水的頭端位於外側，暴露在水中，而疏水的尾端則指向內側，被周圍的頭端防護以免與水接觸。同時，其他磷脂分子在這個球體內部排列，方向相反，尾端對著尾端，內部頭端則包覆成一個含水空洞，但有可能也包含其他許多東西。這是個令人驚嘆的轉變，但並非奇蹟。實際上，磷脂囊袋的形成是磷脂本身特性（一端喜歡水，另一端討厭水）的一種簡單且必然的結果。事實證明，這樣的結構凝聚成穩定狀態的最佳方式之一就是排列成片狀，接著就塌陷構成球體。這種結構稱為囊泡，它既美麗又至關重要。它包裹了生命存續所需的所有零碎物質。當囊泡包裹起一個細胞時，我們就稱之為細胞膜。

一個顯而易見的問題是，這些引人注目的矛盾分子是從哪裡來的。它們似乎具有高度專門性，針對製造生命膜的獨有特定需求而精準調校。事實上，細胞膜確實是經過精細調整的，在演化進程，它們變得更適合生命的需求。但它們的起源是更簡單的——來自當初建構我們太陽系的原始物質。

你可以找一顆裡面包含碳分子的古老隕石。一九六九年墜落在澳洲的默奇森隕石（Murchison meteorite）就是個很好的例子。這顆隕石是太陽系創造過程的遺物：超過四十億年的歷史，可追溯到太陽系以及其後來孕育生命的最初時期。這塊隕石呈黑色，帶了一點柔軟觸感，它的顏色是來自大量富含碳的有機化合物，和煤灰頗類似。從外觀來看，你可能深信它曾經被燃燒過。現在將隕石放進水中輕輕地壓碎，釋出內部的一些分子。其中有一些碳原子長鏈彼此黏在一起。從混合物中提取這些所謂的羧酸並將它們添入水中，眼前這些分子就會聚集起來，形成在顯微鏡下搏動、漂蕩的囊泡。這些分子欠缺現代細胞膜的複雜性（後者可是歷經三十多億年的演化產物）。不過羧酸，這些在太陽系雲氣中孕育形成的分子，是最簡單的生命囊袋。

羧酸究竟是如何形成的依然是個不解之謎，不過我們知道，宇宙中充滿了碳化學作用。碳是恆星核融合反應的產物，形成碳的星體也包括會定期搏動並拋出含有豐沛碳物質氣殼的奇異「碳星」。碳原子廣泛分布在宇宙各處。一氧化碳是種極簡單的碳分子，星際空間到處都有豐沛存量。還有其他更多更複雜的分子——甚至包括形狀像足球的奇特巴基球（buckyball）或富勒烯（fullerene），這些分子包含數量驚人的六十個或甚至更多的碳原子，在宇宙的虛空中飄蕩。

在宇宙中的各個角落，這些碳與其他元素接觸，觸發了化學反應。孕育出地球和我們太陽系中所有星體的星雲，就是這樣的匯聚點：一個具有溫度和壓力梯度的星際化學工廠，再加上一點輻射的作用，結果進行了大量的化學實驗。冰冷的顆粒提供了表面，在那裡發生的碳化學作用能夠增加分子的多樣性，這其中可能包括可以形成原始生物膜的羧酸。

如果你覺得這些分子之間的戲法好像很複雜，其實它只是表面看來如此。生命最初成分的產生並沒有那麼困難，在整個宇宙中，到處都可以輕易找到能共同產生羧酸的化學化合物和能量來源。這個歷程不需要有人特別引導，只要有適當的物質、能量以及充足的時間，就能輕易地形成一個適合容納生命分子的袋子。

但生命不僅僅是一個袋子，你還需要其他更多組件才能形成一個能夠自我複製的細胞。尤其是一些可以驅動化學反應、加速化學反應的分子，在這些分子的幫助下，可以生成多種在自然環境中稀有（或甚至不存在），但對生命至關重要的其他分子。這些具有催化作用的分子就是酶。它們將不同類型的分子結合在一起，並將得出的產物排出。就我們所知，幾乎所有生命體中的酶都是由蛋白質組成的，而蛋白質本身不過是由一連串的長鏈胺基酸組成，就像串在線上的珠子。這條線會摺疊起來，轉變成一個小型三維分子——也就是蛋白質，準備好執行種種不同工作。

胺基酸是結構簡單的分子，其核心是由一個中央碳原子，附加了一個化學基團（一小群原子）所組成。這個分子的附加物結構各異，或者說是不同的「風味」，取決於所附著的物質。不同的化學基團具有不同的性質：有些喜歡水，有些討厭水；有些帶正電荷，有些帶負電荷；有些很小，有些體積很大。這所有不同「風味」的分子之間的交互作用，讓胺基酸長鏈以特定的方式摺疊。它們當中有些鏈會形成支撐結構，就好像鷹架，這對於構建指甲和頭髮這類的結構非常有用。其他鏈則會參與細胞所進行的關鍵反應。令人驚訝的是，所有這一切只要區區二十種胺基酸即可完成。但是，當一個蛋白質可以包含數百個胺基酸時，你可以想像，如果鏈中的每個位置都可以由二十種不同的胺基酸占據，那麼蛋白質組合的總數就相當龐大，遠遠超過生命建造細胞所需的分子種類數量。

讓我們再看看默奇森隕石。當我們提取製造細胞囊袋的細胞膜分子時，我們還會注意到另一件驚人的事：這顆隕石裡充滿了胺基酸，實際上是超過七十種不同的胺基酸。胺基酸是建構蛋白質的基本單位，在早期太陽系的化學工廠中合成。最終，它們被納入構成行星的岩石和其他物質當中。而其中一些岩石則繼續在宇宙中飛行迴旋，最終在四十億年後抵達地球，並被科學家採集到，這些科學家在其中瞥見了最簡單的生命成分——星際化學的產物。

這些隕石所包含的胺基酸種類，遠超過生命所需要的二十種。如果生命的最初分子確實來自這個星際儲藏庫，那麼為什麼它還要挑三揀四？原因在於，有時你並不需要使用所有可用的材料就能完成足夠好的工作。當建築師設計一座房子，他們不一定會盡可能用上現存的所有磚塊和屋瓦。他們會挑選其中一些來完成工作——通常會盡可能把種類減至最少。這是最有效率的方法，可以避開建築材料之間不相容的問題。同樣道理，大自然包含的胺基酸種類遠超出生命體中所使用的種類，這沒有造成實際影響。演化並不是在每個維度上都追求最大化的歷程，只要細胞能滿足需求並繁殖，它就沒必要納入更多胺基酸。因此可以理解生命為什麼從這個豐富的化學庫中只取用了一部分。

我們的外星信使還帶來了其他驚喜：核鹼基（nucleobases）。無論是你的細胞還是最原始的生命形式，所有這些都依賴一個用來存儲信息的編碼，而核鹼基讓這一切成為可能。大多數生命體運用我們熟悉的DNA（去氧核糖核酸）來完成這一任務，也有的是用它的姊妹分子RNA（核糖核酸）。

就像蛋白質一樣，這些也是由長鏈分子——核鹼基所組成。有別於蛋白質裡面有二十種胺基酸，DNA只需要四種核鹼基。這四種核鹼基沿鏈分布，排列順序就是加了密的代碼，其中包含引導製造出從眼睛到尾巴等所有構造的指令。細胞的機制解碼這些加密的資訊，揭示了構建整個生物體的「藍圖」。

核鹼基是早期太陽系中涉及氫基化合物和其他物質的化學反應產物。它們就是這樣才進入隕石和其他在太空中疾馳穿梭的物質中。而且就像胺基酸，這些星際物體中所含核鹼基種類，遠超過能在生命細胞中找到的類別。這些核鹼基的數量在演化進程逐漸精簡，直到地球上的生命只剩下基本要項。

這一切中有某些非凡之處。透過所有生命體的複雜性，觀察其背後的結構、支架、磚塊和沙漿，你會發現，生命的主要分子中所有最簡單的部分都可以在隕石中找到。這些隕石在太陽系誕生之初就已存在，毫無疑問，也降落在我們這顆年輕星球的表面，在水塘裡積聚，在海灘和河流裡沖刷。科學家被這樣的可能性吸引，嘗試在實驗室中重現那些將生命的基本材料從岩質釋放出來的種種反應。不出所料，當你用輻射照射含有酒精和氫化物等簡單分子的礦物顆粒表面時，就會湧現出胺基酸和其他對生命很重要的分子。

這還不是全部。別忘了地球本身就是一顆太空岩石，當生命的物質從太空灑落在我們這顆新生星球表面時，發生在地球上陸地、海洋和大氣中的化學反應，說不定（或是非常有可能）也同時產生出生命的物質。碳化學是無法輕易逃避的。無論是來自太空深處還是地球本身的地貌景觀中，地球都充滿了生命所需的最簡單成分，因此搭建起生物作用的鷹架便從多方來源積累在地球表面。

這一切都非常有趣，並為生命基本物質的起源提供了一個合理的解釋。但這仍然沒有真正回答我們的問題——是不是只要條件合宜，生命就必然會出現？為什麼這些化合物不會只是無動於衷地隨著潮水來回沖刷，填塞裂縫和縫隙，但完全不會形成任何細胞呢？這是我們迄今研究的盲點。我們有很多線索和可能性，但還沒有共識，生命的基本化合物究竟跨過了什麼門檻，才能真正形成生命。

當然，科學家們有自己的推測——關於是什麼引發了這些關鍵生命反應的假設。這些假設往往與地球上某些特定的地點有關，也就是物質有可能以恰到好處的方式與能量結合在一起。有些科學家偏好海底熱泉理論。海底熱泉是從地殼湧出並透過海底裂縫噴發的熱液，並在海洋底部留下高聳的礦物堆。在這些巨大結構內，化學反應有可能產生了生命的構建單位。更重要的是，這些地點有可能是最早的代謝反應誕生的地方，這些反應合成了後來生物能量生產機器的碳分子。

另有些科學家則偏愛海灘理論。每次潮汐循環，拍打岩石的浪濤會把一些必要的胺基酸從海洋帶到一個可以聚集的表面。隨著潮水退去，乾燥的分子就會黏在一起，隨著水分蒸發，分子被迫靠攏並結合。每趟潮汐循環都為這條不斷增長的分子鏈添加新的成分，直到最早的生命分子終於掙脫岩石束縛躍然而出。

還有一些科學家摒棄了岩石，轉而仰望天空。在海洋表面破裂的氣泡會攜帶生命的最小分子。當它們漂浮在大氣中並暴露在陽光的紫外線照射之下，就可能發生種種反應，促成突變並啟動演化歷程。接著那些新近形成的複雜分子隨後會隨著雨水重新降落到海洋中，並反覆這個循環，從中產生生命的物質。

所有這些理論都有一定的道理，而且彼此也並不排斥。情況有可能是，無論是海底熱泉、海灘或海洋表面，這些不同的環境全都對早期的化學物質庫做出貢獻。或許整個早期地球就像一個巨大的生命反應爐。

但不論你鍾愛哪種理論，到了某個時刻，這些分子都必然要聚集起來，否則它們就會像大多數被拋進海洋的物質一樣，被稀釋掉。接著，早期的膜狀分子也必須包覆住一個能自我複製的分子。隨著時間的推移，這些複製體就會控制膜狀囊，並增添其分子形式的複雜性。從這些簡單的開始，錯誤和變異產生了五花八門的細胞類型，最終導致了地球上第一個細胞的誕生。

那麼，從化學湯到可以自我複製的細胞的這一步，它是不可避免的嗎？我們並不知道。這可能很容易發生。想像一下，地球上覆蓋著從隕石降落或從地表湧出的有機化合物薄層，在這些膜狀分子的混合物中，每天都可能發生十億次實驗。只需要其中一次實驗能夠產生出一個可以自我複製的簡單細胞，這個細胞就能成為演化的單元。或許生命的出現只花了不到一天的時間。

這些問題當中還隱含著無數其他的謎團。是蛋白質先出現，還是DNA和RNA先出現？如果蛋白質先出現，那麼在沒有編碼藍圖的情況下，細胞如何獲得製造蛋白質所需的信息？好吧，也許是編碼先出現。但如果是基因編碼，那最初第一個擺盪的RNA或DNA片段是生命的始祖，它能有什麼用處呢？那只是一串無特定作用的神祕化學物質嗎？也許這個早期的編碼本身就是一個化學反應器，既是編碼又是催化劑，以一種單一嵌合體的型式存在。如果是這種情況，有可能後來才加入催化蛋白質，為生命的結構增添了額外的複雜性和可能性。

這些謎團可以從兩種方式解讀。一方面，它們有可能告訴我們，早期生命的結構是多樣的。蛋白質先出現或是核酸先出現，或是兩者同時出現各自獨立運作。或許，隨著數十億次實驗的進行，誰先誰後並不重要。所有可能出現的分子組合反覆出現，直到在這個星球的濃湯中，某些特定的化學組合產生了細胞。或許，早期的地球充滿了這些原始生命形式的全球競爭，其中任何一種都有可能成為後來所有地球生命的共同祖先。

另一方面，我們所知道的（或自認為知道的）關於早期地球的一切，也支持這樣的假設：這一鍋化學分子的湯原本是沒有生命的，直到一個非常特殊的情況出現才點燃生機。在這個觀點下，蛋白質、DNA和RNA、生物膜以及生命的其他組成部分，都在周遭的能量作用力牽動下不斷運動，直到最終一切都齊備，產生出第一個細胞。假如情況果真是這樣，那麼地球依然被初始的有機黏液所包覆，但其中大部分的命運都持續凋萎。不同生命形式之間沒有競爭，沒有演化實驗的溫床。相反地，在某個地方發生了一次偶然的成功。恰到好處的生命成分無緣無故地被包裹在一個膜內。它們開始活動，不管那是什麼，直到有一天，它們膨脹並向外鼓起，然後地球有史以來第一次，一個膜分裂成兩個，讓新成對的每一個成員都包含自己的一小組、一模一樣的可複製分子。然後，再次發生。同樣地，一次又一次的分裂。現在，地球上有十六個這樣的細胞，它們每隔幾分鐘就會分裂一次。又一次，一次又一次。現在有一百二十八個。再一次，再一次，現在已經超過了一千個細胞。一天之內，世界已經被征服。地球變成了生命，一個生物圈誕生了。

或許宇宙充滿了海洋，浪濤拍打海岸，每天都有海底熱泉和氣泡在循環著從胺基酸到膜的生命構建，但都沒有一個細胞出現。或許永遠也不會出現。生命存在潛力，因為有充沛的能量以及合宜的化學物質。但在地球之外，生命的成分和生命本身之間的鴻溝，總是寬廣得一如孩子們丟棄的積木和一個已建成的大教堂之間的差距。

藉由觀察其他世界並尋找生命，並且透過在實驗室中持續的實驗探究，我們最終可能會弄清楚我們是幸運的孤例還是普遍的一員；是否只要像地球一樣充滿了基本分子，就必然會孕育出生命，還是我們是極其非凡的時刻所誕生的產物。儘管與外星智慧生命進行知識和文化交流的前景應該會令我們振奮，但尋找外星的生命還有更基本的科學原因。我們可能會找到一些非凡的線索，揭示我們自己的世界是如何變成現在這副模樣。

我們從火車站到基督聖體學院的這短短幾分鐘路程，根本沒有時間讓我好好跟司機解釋這段漫長而不確定的歷史。面對生命不可避免的神祕性，我不得不以認輸告終。「我無法回答你的問題，」

我告訴他，「但是也沒有人能回答你的問題。這就是為什麼這個問題那麼引人入勝。我們完全不知道生命是罕見的還是平凡的。」我們到達學院時，他面露微笑搖了搖頭說：「是啊，是啊，這麼簡單的事我們卻不知道。」我點頭表示同意並感謝他。在他的最後一句話中，他捕捉到了一個既簡潔又深刻的真相。我們已經解答了許多令人生畏的問題。我們可以詳細解釋我們的身體、環境和整個宇宙的許多複雜之處。但真正的基本答案依然難以捉摸。我們可以追溯物種的演化歷程達數千代之久，但我們無法確切說明為什麼生命最初會在地球上出現。我付了車資，起身下車。

美麗的天空能讓你屏息驚嘆，即便它實際上包含了你呼吸的東西。地球大氣中的氧氣是我們和大部分生物圈的無形燃料，就因為這樣，科學家們才在其他行星上尋找這種氣體。

Chapter 16

為什麼我們需要呼吸氧氣？

Why Do We Need Oxygen to Breathe?

在愛丁堡女王監獄給囚犯上了一堂課之後，搭計程車前往布倫茨菲爾德。

那是個冰冷的早晨，空氣濃稠潮濕得幾乎就像糖漿。在這樣的日子裡，你會真實地意識到自己是生活在大氣層中。

「外面真冷啊。」我們駛出監獄大門時，我的司機邊咳嗽邊這樣說。我剛剛和部份受刑人一起研究了他們的月球基地設計。這門課是「超越生命」（Life Beyond）計畫的一部分，這項教育計畫的目的是透過太空探索的視角教導受刑人科學概念。

「真是太冷了，冷到你好像可以把空氣吃下去。」我回答道，或許有點怪誕。

「這件事還真的很可笑，」他指的是空氣。「我們總是理所當然認為它一定存在。」然後他問我做哪一行。我感覺他是好奇心很強的那種人。有時計程車司機會很明顯地表現出這種特質。你鑽進計程車坐好，只要說出一些日常問候以外的話，司機就會看出有跟你攀談的機會了。他一邊說一邊挺起身子，後視鏡映著他黑色的濃眉，雙臂彷彿用力猛拉方向盤。他穿著一件黃色高領外套，領子包覆著他漸漸花白的的頭髮。我跟他解釋了我的工作。

「所以你是個科學家。那麼請你告訴我關於空氣的事情吧。我是說，空氣是怎麼來的，為什麼我們可以呼吸空氣？」他問道。

在計程車上被問到這個問題實在很奇怪。事實上，這在大多數情況下都是一個有點超現實的問題。話雖如此，地球大氣的歷史的確是個迷人的故事。我每年都跟我的天文生物學學生講解這方面的知識，日子久了，你可能就會忘記，還有很多人不見得知道或是想到，氧氣最初是如何聚集在大氣中，供我們自由呼吸。不過有些計程車司機想要知道。

在寒冷的冬日早晨，靜靜地眺望一片田野，腳下的草地凝結著一層薄霜，鳥兒在淡淡的薄霧中輕聲啼鳴，霧氣模糊了聲音，視線只能看到樹木的輪廓，深吸一口新鮮空氣，這真是一種美妙的體驗。但鄉村並不總是這樣。倒退個幾年來看，準確地說是四十五億年，景象就非常不同了。地球的表面是從形成所有行星的氣體盤中凝結而成，而你正站在地球最早的火山陸地上，腳下剛剛凝結的熔岩延伸至地平線，呈現褐色的乾燥景象，到處都有蒸氣從岩石的小孔冒出，火山氣體就是從這些通氣孔散發出來。這時的地球死氣沉沉，第一批生物還沒有誕生。還有個重大的不同：你這時是透過覆蓋全臉的呼吸器接目鏡來觀察，呼吸器的另一端連接了氧氣瓶。不要摘下防毒面具，否則你會立刻窒息。

當我們駛出監獄大門時，我開始講述我的故事。「所以，你必須想像一下，在地球形成時，你是站在一顆高熱的岩石球上頭，」我說，「大氣中沒有氧可以供任何生物呼吸。這顆行星被最早的氣體包覆，這些氣體要麼是從地球內部噴發出來，不然就是地球形成時殘留下的氣體。

「在這種最早期的熾熱岩球狀態，地球或許有一層由氫和氦組成的大氣層，這些元素非常輕，很快就會散逸到太空中，只留下由地球內部冒出的氣體。這些氣體有毒，很快形成了一層厚重的大氣層。空氣中充滿了一氧化碳、二氧化硫、硫化氫、氫氣、二氧化碳，以及如今地球仍然在排放但濃度卻低得多的氣體。」

「所以基本上是會死人的。」我的司機插嘴。

「沒錯，全都是有毒的。」我說。

嗯，至少對人類以及現今居住在地球上的大部分生命來說是有毒的。但早期的地球也並非完全無法居住。當生命以微生物的形式開始存在，許多微生物會把這些氣體當作食物。微生物從大氣吸收這些氣體，取得了生長和分裂所需的能量和營養。它們攝取氫氣和二氧化碳，排出的廢物則是甲烷——這種化合物如今我們更常會聯想到牛放屁，而不是原始地球。其他微生物則攝食硫酸鹽礦物並產出硫化氫氣體，接著這些氣體又被其他微生物運用在它們各自的新陳代謝歷程。就這樣，碳、硫、氮等元素的偉大循環開始運轉，滋養著生物圈。當然，這個歷程至今依然持續，由相似類型的微生物和它們幾乎未曾改變的後代來完成。

這種無氧的生存環境十分艱辛。氣體雖然充沛，但它們並不能產生多少能量：這些早期的微生物從它們的原始食物中獲得的能量，最多只有你我在氧氣中代謝一個三明治所含能量的十分之一。有些形式的食物，例如不同型態的鐵元素，只能產生百分之一的能量。儘管如此，這些能量已勉強足夠支持原始演化階段的生命。

「然後呢？那些氣體就一直保持不變嗎？」我的司機問道。

「很長一段時間是這樣的，」我回答。「生命以這種方式持續了大約十億年，甚至更久，沒有太大變化。那是一個充滿黏液的微生物世界。」這些能耐受缺氧的生命型式（稱為厭氧微生物）生活在海洋中，在陸地上謀生，並且在地下深處啃食岩石。但「接著發生了一件了不起的大事，」我解釋道，「一種微生物發現了一個奇妙的東西，生命學會了如何利用水來幫助滿足其能量需求。」

你看，水中隱藏著電子，理論上生命可以用它們來獲取能量。但要使用這些電子需要施展一些化學技巧。首先，你必須將水分子分解才能取得這些電子，這並不容易。做到這一點必須動用一種特殊的催化劑。然後，這些電子本身還必須透過陽光來增強能量。這需要一些基因的混合和匹配，才能組合出必要的化學路徑來運用在沒有太陽能時相對微弱的電子。這就可以解釋，為什麼長達十億年期間，生命在這個問題上始終沒有太大進展——這個過程需要很長時間來偶然產生正確的生化魔法，才能誕生出這些利用水和太陽能的細菌。這些新生物是第一批進行光合作用並產生氧氣的生物，它們能夠利用陽光和水來為自己的生長和繁殖提供能量，並迅速蔓延至整個星球。

我的司機很專注地聆聽。「為什麼是水呢？」他問道，「我猜是因為它無處不在，對吧？很容易就能取得？」

「還有陽光。」我繼續說道。只要你待在這個星球的表面，陽光無處不在。至於水，這個星球大約有四分之三都被水覆蓋；所有海洋、湖泊、河流和池塘，確保了水比生命之前所依賴的硫化氫或氫氣氣泡要多得多。這些古老的能源並不是特別稀有，但要獲得它們，你必須靠近火山池或深海的氣體噴口。否則，別人可能會比你搶先把它吃掉。但水卻隨處可見。

當第一個光合作用生物發現它的特殊技巧之後，立刻就沒有了競爭者。攝食氣體的微生物依然存續，卻很難勝過把整個世界當免費午餐的有機生物。很快，這些新型微生物：藍綠菌，就擴散到每一處水域，引領它們踏上演化的輝煌之路。藍綠菌最終與其他細胞結盟，這些細胞吞噬它們並形成藻類。隨著時間的推移，藻類演化成植物，最終變成玫瑰和覆盆子，征服了陸地。你在陸地和海洋看到的每一種靠陽光提供能量的綠色生物，全都歸功於數十億年前水可以成為電子來源的那項發現。然而，先讓我們回到早期，那時藍綠菌還只是原始地球上眾多單細胞生物之一，進行它們的日常活動：繁殖、複製、代謝。

「這裡有一個關鍵，」我告訴司機，「這些新穎的生物不只是另一種微生物。當它們分解水並收集陽光來滿足需求時，它們也像我們一樣產生了廢棄物，而那種廢棄物就是氧氣。在湖泊和海洋表面，氣體開始積聚，那就是我們今天所知的氧氣。」

這個積聚的歷程花費了很長久的時間，部分原因是氧氣總是會消失。早期的大氣中仍然充滿活躍的火山化合物，氧氣很難持久，它會跟甲烷和氫等其他氣體產生反應，而從大氣中消失。就連海洋中的鐵也會不斷消耗氧氣。這些釋放氧氣的微生物忙著自顧自地運作，對周遭的世界影響甚微。

那天我的計程車之旅就像是一趟時光穿越，回顧了這些早期事件。在回家的每一里路，都代表了十億年的地球歷史：當我們駛出監獄大門時，地球才剛剛形成；上了戈爾吉路，微生物已經學會如何分解水；當我們抵達乾草市場時，氧氣開始遽增，我們的星球正在轉變成一個適合動物生存的地方。

這些是奇幻故事嗎？我怎麼知道我告訴司機的故事是真的？答案是時光旅行——某種程度類似吧。雖然我沒有真的時光機器，但地質學家可以用一種迂迴的方式進行時光旅行。他們挖掘岩石，看看那顆還在汩汩冒泡、被隕石撞擊的早期地球上有哪些種類的礦物。這些礦物中包含了當時大氣存有哪些氣體的線索，因為礦物質會因為暴露在哪種氣體下而有不同。例如，當岩石暴露在氧氣中，它們往往會形成所謂的氧化物。基本上，岩石生鏽了。氧對岩石有極大的胃口，會讓它們產生變化，就像氧改變你的自行車的金屬一樣。

現在談談時光旅行因素。隨著時間推移，氧化的礦物被埋進了地球表面的流動沙土下。數十億年過後，地質學家將它們挖掘出來時，這些岩石就成了時光膠囊。研究它們可以了解很久以前它們周圍的氣體種類，教會我們很多關於這顆古老星球的事情。其中我們學到的一件事是，不論在任何地方都找不到距今約二十五億年前的這類氧化礦物。反之，那個時期常見的礦物質，恰好是你在缺氧大氣中期望能找到的那種。換句話說，在我們從地底深處發掘的樣本中——就這個事例，這類樣本稱為代理指標（proxy）——我們很少找到比二十五億年之前更古老的氧化岩石，但在那個門檻之後，樣本就多得多了。由此可知，早期的地球基本上並沒有我們現在視為理所當然的氧氣。

氧氣的出現要歸功於另一個重大的發展。回想一下，當藍綠菌生成氧，大氣和海洋中的鐵會吸收這些氣體。然而，最終這些能與氧結合的活潑化學物質被耗盡，它們再也無法把所有的氧都捕捉來供自己使用，於是多餘的氧開始在空氣中聚積。毫不知情的藍綠菌繼續生成氧氣，也不管它們最終會去哪裡。很快，大量氧氣就在大氣中聚積起來。

現在，我不想讓你覺得這個故事如此簡單。如果真是這樣，那麼我們的地質證據看起來就會與實際情況大不相同。如果歷史僅僅只如我前面所述，那麼隨著固氧反應（oxygenfixing reaction）減緩下來，微生物也穩定地將更多的氣體釋放到空氣中，我們就會看到大氣出現非常緩慢的氧合作用（oxygenation）。然而代理指標所顯示的並非如此。相反地，氧的增加顯然非常迅速，至少就地質學的時間尺度而論是如此。很快地，地球就從一個氧氣稀少的星球，變成了氧氣含量大約有當前水平好幾成的行星。這是個巨大的轉變，一定發生了某些激進的事件，才打破了平衡。

這個加速的動力到底是什麼，迄今仍有爭議。然而，確實有某個開關被觸發了，大約在二十五億年前，我們這顆星球出現了一次轉型成富氧環境的決定性變化。這種新狀態持續了大約十八億年。然後又發生了一次大規模的氧氣注入。大約在七億年前，氧含量水平突然上升到接近我們今天所體驗的水平。這次猛烈變遷的原因還不完全清楚，但現代地球已經到來。

「我明白了，」我的司機說，「所以氧氣就是這樣來的。然後我猜動物，包括你和我，就能像今天這樣使用它。我現在懂了。」

「有趣的是，」我解釋道，「氧氣並不僅僅是一種普通的氣體。我們能用它來推動我們所做的一切，因為它是一種非常強大的氧化劑。當你點燃營火或生火烤肉時都能感受到這一點。舊報紙和煤炭在氧氣的作用下燃燒並釋出能量，生命也是進行同樣的反應。」

當我說生命和烤肉進行相同的反應時，我指的就是字面上的意思。你的身體進行的化學轉化作用，和營火完全相同，在氧氣中燃燒有機物質——你吃的食物，無論是煙燻牛肉還是醃黃瓜。你的身體和一堆柴火的主要區別在於，在你的細胞內，這種反應是在受控條件下進行的。如果這個反應不受控，你就會自燃。

「這就給了我們很多能量。」我的司機總結道。

「完全正確，」我說，「你的營火就能證明，在氧氣中燃燒東西會釋放可觀的能量。當生命學會如何做到這一點，它就擁有了一種能夠產生大量能量的反應，遠超過早期地球上那些微弱的氣體和岩石。藍綠菌透過將水分解產生氧氣這種廢物，掀起了一場能源革命。」

結果很驚人，因為這種新的氧化劑讓生命能夠大規模擴展。最重要的是，這種新的能量來源讓生物體可以變得更大，細胞開始合作並形成更大型結構。在大約五億五千萬年前的化石中，動物以及最終演化出你和我的多細胞生物開始變得明顯。許多人認為，生物之所以這般蓬勃發展，最終還演化出有骨骼的動物，與不久前（同樣是以地質學的時間尺度為準）發生的氧含量迅速上升有關。

生物體型的大小和演化之間的關係非常密切。較大的體型意味著新穎——新的能力，與周圍生態（包括裡面的其他動物）進行互動的新機會。重要的是，隨著動物體型的增長，牠們就能捕食其他動物。這種令人不快的行為下受害的動物，體型也同樣變大了，大尺寸有利於確保牠們不致淪落為其他動物的午餐。如此一來，體型較大的動物就能繼續繁殖，傳遞基因。氧氣觸發了尺寸和複雜性的軍備競賽。

結果就是所謂的寒武紀大爆發，指的是地質紀錄中突然發現許多複雜動物化石的一個時期。寒武紀常被誤認為是動物生命的起點，但在此之前的埃迪卡拉紀（Ediacaran period）化石記錄中，已經出現了奇怪的煎餅狀和葉狀生物。然而，就算寒武紀不是動物的首次登場，那也是個重大演化發展的時期——其中包括了體型增長和有骨骼的動物。恰巧骨骼在岩石中可以保存得很好，因此動物數量的「爆發」尤為明顯。

在寒武紀大爆發時期，不只動物變得更大，隨著牠們積累的能量愈多，牠們的食物鏈就愈長。

一種動物會吃另一種動物，然後自己也會被吃掉，牠的捕食者會成為另一種動物的獵物。食物鏈因此變得更複雜、更耗能，也分布得更廣。事實上，以「鏈」來做比喻並不是非常精確，因為生物之間的依存關係並不是、也從來不是階層鮮明的。更強大、更複雜的動物並不只是簡單地捕食較低層級的動物。事實上，在寒武紀出現了眾多縱橫交錯的生命網絡。因此，在一個轉變的短暫時刻，數十億年來只含微生物黏液的生物圈退位，取而代之的是豐沛大量的生物，牠們的後代妝點出我們今天所知的世界。氧氣讓狗和蜻蜓、食蟻獸和土豚得以共存。

因此，當我們離開愛丁堡監獄大約二十分鐘後，轉入了布倫茨菲爾德廣場，地球第二次氧氣含量上升已經發生，動物接管了地球，在各處水域閃現，不屈不撓地爬上陸地。「我認為這對我們來說也是必要的，」我的司機指出，「我們需要大量的能量，所以氧氣的增加讓我們得以存在。」

「我們的大腦也跟這一切有關，」我明確表示，「你的大腦大約需要二十五瓦電力來運作，不到一個傳統燈泡的用電量。我喜歡提醒我的學生，最終我們還都算是低功耗的。無論如何，你的身體約需要七十五瓦的電力用來跑步、跳繩或縱躍。因此，要成為一個能夠建造出太空船和上網看貓咪影片的智慧生物，大約需要一百瓦的電力。和現代家庭的用電量相比，似乎並不算多，然而對於生物來說，這可不是一個小數量。氧氣可以實現這一點。」

所以，氧氣讓我們成為高能量消耗的生物，但這是必要條件嗎？這是個大問題：生命的繁盛和智慧的出現是否可能在沒有氧氣的情況下發生？也許動物在第二次氧氣激增後出現只是個巧合？我們不能排除在沒有氧氣的情況下出現複雜生物圈的可能性。不過，這很難想像。首先，如果你以岩石為食，你必須不斷覓食，這非常不方便，會限制你的生活地點和你的棲居範圍。相較之下，氧在空氣中幾乎無處不在，不論你在哪裡都可以直接呼吸。可能還有其他一些氣體也能利用，好比硫化氫，但它們能提供的能量遠遠不及氧氣。這意味著你要麼做不了那麼多事情，要麼如果你堅持運作一個耗能二十五瓦的大腦，你就得花大量時間進食。整天都在覓食並不是很有效率。狩獵、栽種和進食就已經夠費時間了。

雖然我們不能完全確定，但動物的出現以及最終的智慧萌生，似乎都取決於氧含量上升。這是我們目前最合理的假設。如果這個假設正確，它也可能解釋了為什麼世界在這般漫長的時期一直都局限在微生物的生活方式中。畢竟，如果動物只是微生物之後的必然結果，而且欠缺氧氣不是限制因素，那麼動物為什麼沒比實際出現更早個幾十億年？漫長的微生物時代表明，有什麼東西阻礙了生命的進程。把氧含量上升作為生命複雜性革命的觸發因素，就能量而言是合理的。

有趣的是，發生在七億年之前的第二次氧氣激增，後面緊跟著出現了體型更大、能力更強的動物，然而那並不是最後一次。大約三億五千萬年前，氧氣在大氣中占比上升到大約百分之三十五，然後在一億年後又下降到接近現今的水平。

這時你可能會想，氧含量更高的時代可能會產生更大的動物：空氣中有更多的氧氣，就有更多能量可用。這對於依賴擴展來獲取氧氣的動物（例如大多數昆蟲）來說有可能是真的。因為大多數昆蟲不能主動將氧氣打入身體深處——有些昆蟲，好比蟑螂，會利用腹部的泵動來獲取氧氣——牠們依賴氣體徐徐通過細微管道，滲入身體的最深處。大氣中的氧含量增加，就有可能讓氧在被耗盡之前，更深入擴散到牠們的體內，於是昆蟲的體型就可以長得更大。

確實，有證據支持這個觀點。化石記錄中曾出現三億年前的碩大昆蟲，包括巨大的蜻蜓。已滅絕的巨脈蜻蜓（Meganeura）展翼時超過一米，很可能還是強大的捕食者，俯衝撲進古代石炭紀遼闊森林底層的灌木叢中，攫捕其他昆蟲，甚至還可能獵食最早的四足爬行類動物。當時地球上還有超過一公尺長的巨型馬陸和蜈蚣，牠們擺盪一長列巨大腿肢，沙沙作響穿越古代森林地表，尋找獵物。

這些強大的生物是不是氧氣激增的產物，一口氣息讓牠們增長到像哥吉拉般的體型比例？直覺上這似乎有可能，不過仍有一些科學家抱持懷疑。更多的氧氣會提供更多能量，卻也會產生更多有害的自由基——一種可以撕裂生命基本分子的活性氧原子和分子。有人可能會認為，大氣中添加大量氧氣，會導致像昆蟲這樣的被動使用者變得更小，而不是更大。

有時候很難捨棄一個好故事，毫無疑問，氧氣驅動的超大型蜻蜓具有一定的吸引力。無論真相為何，科學家們普遍相信，氧氣在解釋地球生命如何演化上扮演了核心要角。氧氣不斷列入了疑犯名單：它總是在最剛好的時機現身。在所有這些生命傳說中，是誰在案發當晚暴露了行蹤？氧氣！

這當中還包含了一個外星的故事。對氧氣的癡迷，解釋了為什麼天文學家特別關注在其他行星上尋找這種氣體。如果我們能在太陽系外行星的大氣中發現氧，而且這份氧並不是由地質歷程生成的，那麼我們就有了生命演化的確鑿證據。有氧並不能證明存有動物生命或甚至智慧生命，因為富含氧的行星有可能依然停留在我們自己這顆行星大量出現複雜生命之前的那種狀態。然而，在太陽系外行星上找到氧，顯示那是個可能存有動物和大腦的世界。如果我們發現許多含有大量氧氣的行星，這或許就意味著，我們有很大機會能找到一、兩顆擁有類似地球生物圈的行星，說不定還是智慧生命的家園。倘若我們發現，太陽系外含有大量氧氣的行星非常稀少，那麼我們就有理由猜想，使用氧的智慧生命是很罕見的。

車子開到了我家，我付了車資，這趟越時光回溯之旅結束了。地球有了現在的大氣，是我們賴以生存的大氣。我踏出計程車，感謝司機的陪伴，深吸了一口甜美的新生代冷冽空氣，繼續我的旅程。

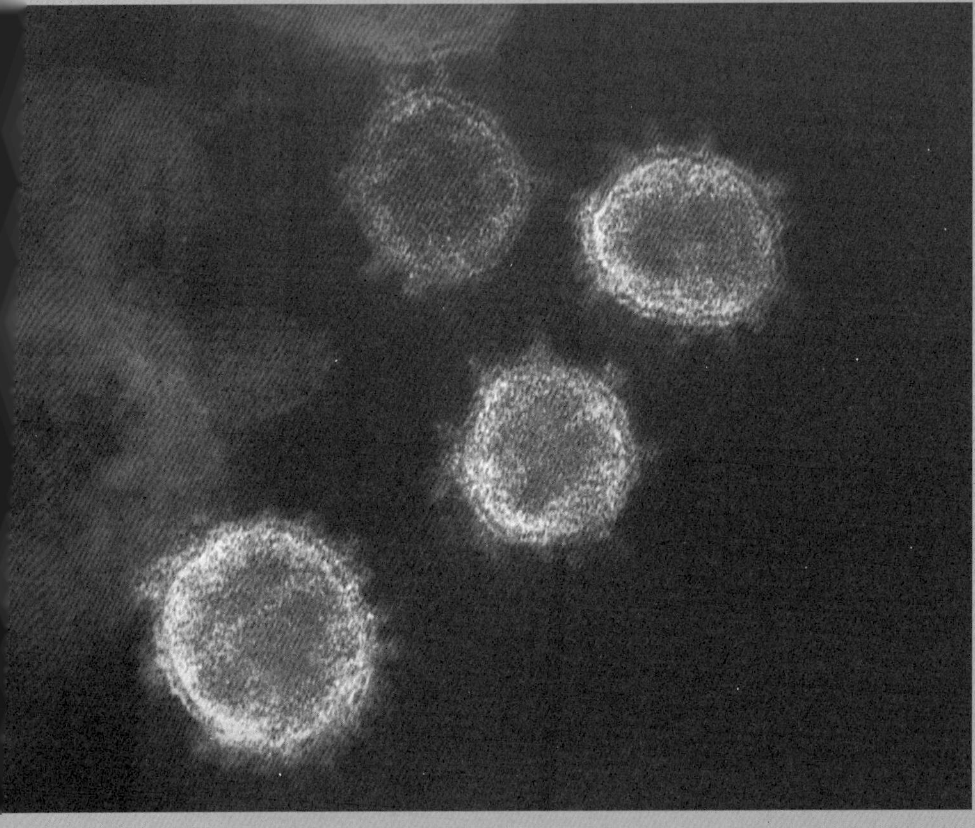

SARS-CoV21病毒本身只是一團無害的、惰性的分子，直徑約一百納米。將它放入細胞內，它就開始複製，引發全球大流行。這種病毒算是一種生命嗎？還是它屬於其他東西？

Chapter 17

生命的意義是什麼？

What Is the Meaning of Life?

搭了趟計程車到乾草市場，趕火車去格拉斯哥參加關於監獄教育的講座。

很少有事物能像太空探索那樣激發我們的好奇心。從阿姆斯壯的月球漫步（對今天的孩子們來說，這肯定像是遠古歷史了），到火星探測車的冒險，就算是對太空研究的科學目的了解不多的人，也有很多可以啟發他們的事物。宇宙的浩瀚、外星生命的可能性，以及人類未來走出地球之外令人激動的前景，讓那些原本沒有什麼共同點的人也都為之著迷。太空探索確實有每個人都感興趣的東西，即使那只是娛樂。

正是基於這種想法，二〇一六年我創辦了前一章曾簡短提到的「超越生命」監獄教育計畫。這項計畫是與蘇格蘭監獄管理局以及法夫學院（Fife College）合作，「超越生命」讓受刑人化身未來的太空移民，參與設計月球和火星基地站。這個項目讓他們投身科學、藝術和其他眾多興趣與職業領域，成員繪製基地站模型，撰寫從火星發來的假想電子郵件，還創作了「月球藍調」音樂。在這個過程中，受刑人為我們在其他行星上建立基地的雄心壯志做出了貢獻。他們的設計作品已經出版了兩本書，而且還贏得國家獎項和太空人的讚譽。對我來說，與受刑人一起合作是一次極有意義的經歷，我們拋掉學術界的期望，跟那些原本與我的職業毫無交集的人一起工作。

我經常舉辦科學講座，但今天我要討論的是監獄工作。我正前往格拉斯哥與有興趣支持「超越生命」的同事討論。我坐進一輛黑色計程車的後座，遇上了一位健談的人。這是常見的情況：有些司機一語不發，不過很多司機喜愛聊天。這位司機十分熱情，大概四十多歲，他立刻開始聊起來。「這個世界真奇妙啊。」他說，「今天早上我載了一位女士去上佛學課程。她告訴我動物都有靈魂，我們都活在輪迴當中，所以這一切都沒有意義。當然了，除了等待下一生。」

這個話題跟我今天要討論並非毫不相干。生命的意義是什麼？為什麼我要在監獄設計火星基地站？為什麼我認為有人應該做這件事？為什麼我認為去火星是人類文明值得追求的目標？我對於在監獄從事太空探索計畫這麼感興趣其實沒有什麼特別目的，不知道為什麼，我覺得這很值得我投入時間。長久以來我總認為生命本身說不上有什麼特定目的。繁殖和變異的循環，演化的旅程——事情就只是發生了，然後我們就在這裡，搭上突變的雲霄飛車，情況就是這樣。我想知道我的計程車司機是怎麼想的。

「那你覺得呢？」我問道，「你認為生命到底是為了什麼？」

「這要看你說的生命指的是什麼，老兄。我的意思是，我們究竟是什麼？」他回應道。他的答案直截了當而且很有深度。「生命」這個詞究竟代表什麼意思？這個問題開啟了一個迷人的話題。

「生命」這個詞有上千種含義，困擾了人類的思想數千年。我們每個人都在掙扎著尋找生命的意義。從日常生活的角度來看，我們必須回答這個問題才能活下去。這個大問題被簡化成更具體的事項：我應該做什麼工作？我應該住在哪裡？這些都是「生命」這個詞在我們日常生活體驗中具體表現出來的形式，也是我們渴望確立生命意義的平凡體現。

在這些日常事務之下，像潮水一樣不斷拉扯我們的是「生命」一詞更深層的意義。生命的總體目的是什麼？我們是否只是生命潮汐上的過客？誰能決定我們的命運？冷漠無情的宇宙還是全知的神？又或者，這不過是一天又一天的演化運作，本身並沒有目的，也沒有方向？如果我們接受了這種純粹的決定論觀點，我們是否仍能夠透過創造和堅信自己的目標，為我們個人和我們的文明帶來意義？

但我想我的計程車司機問我生命是什麼的時候，他心中想的不會是上述生命的各種含義。他所想的應該是跟蠕蟲、蝸牛、獵豹和人類有關的另一個有趣問題。他思考的是我們稱之為生命的物質本身，到底是什麼？一個生物和另一個普通物件之間究竟有什麼差別，使得一個有生命，而另一個卻不是？

這個問題就像水面下的暗礁，自古以來讓無數思想家的頭腦觸礁沉沒。無論一個人多麼專注於物質現實，多麼希望保持客觀，多麼信奉還原論（Reductionism）的觀點，很少有人能擺脫生命中似乎蘊含了某種特質的感覺，這讓它不同於桌子或是椅子。但實質上來說到底是什麼？為什麼它能賦予一個物體活力和動力，以至於我們認定它是生命體。

在我們如今理解的原子和元素的知識出現之前，古希臘人深信生命有某種特殊的成分。透過借用有關宇宙結構的理論，就不難解釋這種觀點了。西元前五世紀哲學家恩培多克勒（Empedocles）提出了一個巧妙的想法：一切萬物都是由四種物質構成的，分別是空氣、水、土還有至關重要的火。藉由把這四種實體混合在一起，就可以形成從海洋、土地到桌子和馬車等不同的材料。生命並不是什麼謎團：多加一點火，就能解釋生命充滿活力和不可預測的性格。

亞里斯多德也有類似的想法。他認為宇宙中的一切都包含一種叫做物質的東西。他的觀念是正確的。他對物質的概念與我們現代對物質的理解是可以直接比擬的。不過，他認為與物質混合在一起的還有一種神祕的東西，稱作「形式」（form），這種形式則是由靈魂構成。靈魂是讓物質能思考的東西。如果你只有一點點靈魂，你就會成為植物；再多一點，你就可以成為動物。而最多的靈魂則被賦予了人類，因為人類擁有意識。無論是亞里斯多德、恩培多克勒，還是其他許多人的觀點中，都有一個堅定不移的信念，那就是生命和非生命之間存在某種根本性的差異。

然而，到了十七世紀，各種生命與非生命之間的差異——如果真的有的話——顯得也不再那麼重要了。這個時期化學家們開始更仔細也更系統性地進行實驗，透過這些努力，元素的性質逐漸顯現出來。經過幾百年化學家們使用擠壓、碾碎、加熱、冷卻、輻射和化學反應等手法，清楚地證明了狗和桌子都是由相同的物質構成的，像是碳、氫、氧等等。一切物質都是由相同的原子和相同的次原子粒子構成的。生命與死亡之間看不到微光閃現，甚至連一道裂縫都沒有。化學家的試管中也沒有火原子或靈魂出現。這一切都令人感到為難。

人若想擺脫物質的平庸屬性，就需要一些新的東西。那些渴望賦予生命崇高地位的人重新詮釋了亞里斯多德所謂的靈魂，把它想成一種生命力（élan vital），可以用來拯救我們和其他生物，使我們不至於僅僅只是元素週期表中的原子聚合體。不乏許多怪誕的或是嚴肅的科學家，都提出過關於這種特殊成分的理論。也或許有某種形式的電力能點燃生命的火花。曾有過異想天開的瘋狂實驗，將動物的器官連接到新型的電氣裝置上，期望能發現這種生命力的本質。然而，層出不窮的推測最終卻一無所獲。沒有任一個實驗發現生命中存在非生命所欠缺的東西。

然而，儘管生命力的論點失敗，尋找生命與非生命之間是否存有某種明確劃分仍然持續。研究人員轉向觀察生物的行為：毫無疑問，這裡應該有某些特徵可以區分生命與非生命。看看一隻走在路上的狗，問問自己，究竟是什麼讓我們認為牠是活的？暫時先拋開你可能有的任何宗教傾向，也避開任何形而上的細微差別，從非常實際的角度問自己這道問題。你有可能會提出幾個答案。首先，你可能注意到狗的行為很複雜而且不可預測。這確實和桌子不同，桌子默不出聲，靜止不動，只有因為使用和朽壞才會改變。其次，你可能會說狗能繁殖。若兩張桌子結合能誕生嬰兒桌子，這會成為萬聖節恐怖電影的素材。狗類結合生下小狗，從蹣跚的小毛球長成自信的成年狗。給桌子加上一片邊板可以擴展桌子面積，但它本身並不會生長。

然而，一旦你細究區分狗和桌子的這些特徵，你會發現，這些所謂的區別並不適用於所有生命與非生命的比較。例如呼嘯肆虐的龍捲風，像蛇一樣捲起屋頂和碎片，它的行徑並不比一隻狗更容易預測。所以複雜的行為並不是生命專屬的特徵。還有，就算桌子不會繁殖，但有些無生命的物體卻會繁殖。在化學原料的溶液中生長的晶體可能會分裂然後單獨存在，這種原始的行為看來有點像繁殖。而且若你把它們繼續留在溶液中，它們也會成長，從微小的晶核擴展到如拳頭大小的結塊。

我們大可以繼續這樣下去，列舉生命的每一項特徵，試圖找出生命形式的那種特殊本質，但沒有一個特徵是沒有例外的。即使是新陳代謝，這個明確屬於生物化學範疇的核心特徵，卻也不僅僅局限於生命。正如我們所見，燃燒一個三明治以獲取能量和燃燒一片森林之間並沒有太大差別。森林大火是在氧氣中燃燒有機物質（好比林木）並排放二氧化碳和水等廢棄物。我們的體內也在進行一模一樣的化學反應，儘管它發生在生命細胞的範圍內。

看來演化很可能是最後一道防線。突變和選擇這種勢不可擋的歷程，似乎是生命獨有的。畢竟，沒有遺傳密碼就沒有演化。但事實證明，演化並不限於生態學甚至生物學。有些研究人員在實驗室中成功地讓分子演化。目前已經有電腦軟體能以簡單的方式演化，這就有點類似遺傳代碼，儘管有些人會說，這些程式是由經過演化的心智創造出來的，因此它們不能算是無生命世界中演化的明確事例。

這件事的反面也同樣具有啟發性：許多我們認為活著的事物，並不會展現我們期望生命體應該擁有的特徵。你的茶几無法繁殖，這似乎是我們拒絕把它納入活物的堅實基礎。不過回頭看，騾子也不能繁殖。如果你看到一頭騾子在塵土飛揚的路上拉車行走，你會很難單憑牠天生就無法繁殖而堅決認定牠不是活物。那麼你、我和兔子呢？我們也無法繁殖，我們必須有伴侶才能辦到這點。一隻單獨在田野跳躍的兔子是死的嗎？唯有當牠找到幸福伴侶時才是活的嗎？這樣的邏輯讓我們陷入荒謬，並在宣揚生命獨特性的這場戰鬥中失去了更多立足點。

前面曾提過以貓咪臆想實驗出名的物理學家薛丁格，他也曾涉足這場爭論，但沒有取得太大成功。薛丁格曾經這麼思考過：生命從環境中汲取能量，並將宇宙中的無序轉化為有序，組裝自身，將原子轉化成小狗或是樹木；而這個過程所需的能量，主要來自於太陽。然而，儘管生命確實會利用宇宙的能量去構築各種複雜機器，但這也不是生命的專利。利用能量產生複雜性，也會出現在你的咖啡杯裡的漩渦或是太陽表面的氣體渦流中。能量會在宇宙中不斷消耗，在這個過程中會出現短暫的複雜性——也許這裡出現一隻小貓，那裡則會出現一場壯觀的太陽磁場扭曲。這種複雜性的普遍現象，有可能讓生物以精緻的形態展現，但同樣的物理現象也會作用到許多無生命的事物。研究複雜性的薛丁格和他的追隨者們，仍然無法替生命找到一個獨特的寶座。

看完後你對這一切是否感到有些絕望？嘗試想找到任何能夠區分生命體與非生命體的特徵，卻事與願違？如果你有這樣的感受，那你並不孤單。我與你同感，還有許多人也是如此。

要用一種明確區分生命與非生命的方式來定義生命，會遇到一個難題，生命並不只是存在於外面靜靜地等我們去捕捉它。就我們所知，沒有哪個實體你可以指著它說「看，那就是生命！」相反，生命是一種我們直覺感知到的物體的某種特性，而不同的人宣稱在不同的物體中找到了這種特性。人類發明了「生命」這個詞，因為它很有用，但它的精確界線卻從未被確立。這就讓生命有別於某些更容易定義的事物。比如黃金，你可以明確地告訴我那是什麼。好吧，就算你沒辦法脫口說出，但只要動手搜尋一下網路，你很快就能提供準確的資訊，告訴我黃金究竟是什麼。你可以告訴我它的沸點、原子序和電子結構等等。哲學家把黃金這樣的東西稱為「自然類」（natural kind），其特徵也就是基於我們能夠精確定義和列舉的基本物理性質。而生命可不算是一種自然類。

至少，目前還不是。有些人認為，我們最終能夠像定義黃金那樣來定義生命。畢竟，黃金也並非總是被認為屬於自然類。（當然了，這取決於你要請教哪位哲學家。但我們先略過不談。）如果你問亞里士多德什麼是黃金，他可能會喃喃地說一些關於物質和形式的話，說不定還會提到靈魂和火的原子，然後讓你在雅典的陽光下陷入更深的疑惑。但時代變了，最終化學家們小心翼翼地對黃金進行了足夠多的研究，弄清了這種物質的結構。如今，透過這些得來不易的知識，我們可以準確描述黃金的本質。生命是否也能如此？也許隨著生物學和物理學的進步，有一天你就能夠準確地告訴我生命究竟是什麼，給我一個絕無例外、不容反駁的定義。

不過還有另外一種可能性：說不定我們永遠無法定義生命。如果我不要求你定義黃金，而是請你定義一張桌子，這時會發生什麼？你可能會回答：「嗯，那是一件家具，可以讓我在那上面放東西。」這時我會給你看一張凳子的照片，看起來非常像一張小桌子，然後滿臉狐疑地望著你。「唔……」你可能會這樣回答。沒錯，「唔……」。於是我們大可以這樣爭論好幾個小時，最後變成在爭論什麼是凳子，什麼是椅子，如果我們坐在咖啡桌上會不會讓它變成椅子。為什麼我們的對話會這樣陷入僵局？原因很簡單，「桌子」這個詞並不是指稱類似黃金那樣的某種元素或原子結構，它只是人類想像出來的一個詞，用來指代具有某些共通特質的物件。這些桌子當中的大多數，都是我們所有人都能清楚識別的東西，即便你的廚房用桌和女王的國宴餐桌之間有很大的不同。但如果我們在邊界處仔細搜尋，就會發現單純到令人訝異的現象，原來許多物件都顯示出，「桌子」這個詞只是語言上的一種便宜行事，內容卻模糊不清甚至互相矛盾。如果你試圖用物理層面來定義桌子，而不去考慮使用這類物品的意圖，你就會發現你無法將凳子排除在外。

或許就像桌子，生命是一種非自然類。它存在於我們永遠不夠完美的定義中，但從物理世界的角度來看，生命和非生命之間其實並沒有真正的分界。相反地，去思考一個簡單分子漸進到一個複雜的人可能還更有用。隨著物質的複雜性增加，生命的某些特徵也開始顯現。但一個物體並不需要同時、或以相同強度具備所有這些特徵，才能被認定是活著的。所以騾子雖然沒有繁殖能力，卻仍具備了其他一些生命特徵。採行這種化學複雜性的觀點，你可以任意在生命和非生命之間劃出界線，取決於你一開始就選擇了哪些特徵去定義生命。因此，我們的定義不是無用的，但只是片面的。生命包含了一些會表現出某些有趣事項的物質，例如生長、繁殖、演化、新陳代謝，或者以其他方式展現出複雜性。這些物質特別能讓我們感到興趣，因為我們也屬於其中，所以我們喜歡把它們和其他物質區隔開來並宣稱它們是獨特的。但當我們仔細審視生命的分界線，我們就會發現它與其他物質無縫連接，這實際取決於我們玩的文字遊戲。

我們總是覺得生命和非生命之間應該要有明確界線，不僅僅是因為我們追求語義上的明確，也是因為宗教和道德論述假設了人類在其中的特殊地位。承認生命是一種非自然類——只不過是一個把某種特別有趣的有機物圈起來，並給予一種人為的、可變的、且非常具有滲透性的邊界用詞——這個觀點遭到害怕會導致虛無主義的人們的強烈抵制。我們之所以不願探索生命的邊界，是因為我們不想發現我們享有的特權其實並非當之無愧。單憑這點就能趨使我們長久以來一直要去尋覓生命的定義，畫出一條沒有人能逾越的界線，最終讓我們享受神聖的領域，遠離模糊和不確定。

我們這麼執著於劃分生命與非生命的界線，從中得到了什麼？想像一個世界，人類只是某種複雜的有機化學。在這個世界，「生命」只是一個有用的術語，能夠粗略地劃分化學系統中的生物領域。這樣會很糟糕嗎？儘管有人會擔心虛無主義，但我看不出有什麼理由會導致任何人的道德指針失靈。難道一個詞的定義真的會削弱你對其他有相似特徵的有機物（或是其他為了方便而共享這個標籤的物質）的同理心嗎？事實上，或許有人有力地辯稱，接受生命是一種非自然類的理念，反而會擴大我們感同身受的範圍，讓那些處在生命邊界的有機形式也值得關愛。一個嚴格的生命定義，可能會導致騾子被當成桌子來看待。相較而言，接受人類只是種化學現象，而生命只是個具操作性的字詞，可能會讓我們更加謙卑，更審慎、更深思熟慮去看待所有介於生命與非生命之間的事物，而不是像現在我們對一切被視為非生命（甚至許多生命）所展現的那樣肆意妄為。

如果有一天，科學能帶領我們更清晰地理解構成生命的事物，那也無妨。隨著這一轉變，邊界會變得更加緊密和清晰。但為什麼要為了滿足對特殊性的病態需求而推動這種努力？我們並不是真的有必要讓生命像黃金那樣被定義。

我個人認為這件事永遠不會發生——生命永遠不會像黃金那樣列入自然類物質。生命永遠會是個有用的詞彙。我之所以堅信這一點，是因為生命不像黃金那樣，是一組原子以有序的方式排列，可以精確定義。生命具備混沌、無序的潛力，具備湧現的特性，而且其原子排列方式極其複雜，可以產生多樣的物質，這些物質可以進行各種不同的活動。因此，我認為生命不只排除了精確定義的可能性，而且我們最好也停止假裝真有必要去追求精確的定義。

對生命採取寬鬆的定義，讓我們有可能隨著宇宙知識的增長，將新的物質形式納入其中。或許在遙遠的未來，前往另一顆行星進行探索的人類，會偶然發現某種物質能與所處環境展現複雜的互動，甚至表現出我們所認為的對周遭環境的意識。這些特徵將使它符合我們在地球上認為是「活的」物質的範疇。不過這種物質的組成和複雜性，與地球生命大相逕庭，可能讓我們無法輕易確定它是否符合地球意義上的生命。如果我們依賴嚴格的生命定義，可能會將它排除在生命體之外，從而毫無顧忌地處置它們，甚至以安全為由摧毀它們。但一個寬鬆的生命定義，可能結果就不同了，這樣的定義會鼓勵我們討論並修改我們對生命形式的看法。

放棄幾千年來對生命定義的追尋，或許會開闊我們的思維。對那些尋求分類明晰的科學思想家來說，接受模糊的生命定義似乎有些混亂。但或許這才是更誠實的做法，這對科學思想家乃至所有人應該都有吸引力。我們不應該假設自然將這個我們稱之為「生命」的東西與「非生命」的東西做了根本上的區隔。如果我們避開了這個錯誤，我們將更能從我們在宇宙中發現的一切學到更多——那些物質其實也是我們自身以及周遭萬物的一部分。

從化學和物理學角度來看，地球上的生命並沒有什麼特殊之處。但在銀河系中有多少個擁有生命的世界？又有多少行星會建造類似阿塔卡瑪大型毫米及次毫米波陣列（Atacama Large Millimeter/ submillimeter Array, ALMA）這樣的射電望遠鏡？

Chapter

18 我們很特別嗎？

Are We Exceptional?

在加州搭了趟計程車從山景城到森尼韋爾。

有時候，深刻的問題來自於微不足道的開始，這次就是這樣。我當時正從山景城的一家汽車旅館搭計程車前往二十分鐘車程外，位於森尼韋爾（Sunnyvale）的一家五金商場去買一個冷藏箱。我需要保存我們計劃從一次太空實驗收集到的樣本。這些樣本會由太空探索技術公司的「天龍號」太空船從國際太空站運回地球，幾天之後送抵洛杉磯港。事實上，我跑了至少三家五金商店都沒找到那種冷藏箱，已經有點著急，所以我腦中最不可能想到的就是生命的意義。

我的司機問我從事哪行，我簡單做了介紹。她是個真誠又非常熱情的人。當我提到自己在尋找外星生命的工作時，她的好奇心被激發了。

「我很想知道，」她透過一副綠色圓框眼鏡看著我，「我真的很想知道。宇宙有沒有其他東西，還是只有我們？我不常想這些事，但偶爾還是會想到。當你看電視節目談到其他星球，你會想，宇宙有其他生命嗎？」

「你會不會在意我們在宇宙中是孤單的？」我問道。

「我們只是想知道。這對我們的生活沒有什麼影響，但如果我們真的是孤單的呢？我們有可能是宇宙中唯一的存在。」她說。

在人類的心靈深處藏著一股無法忽視的衝動，那就是渴望自己能夠很特別。我認為「特別」這個詞，肯定是最令人困惑的例子，我們不斷尋求確認它是否適用於自己。

「如果我們是孤單的，那會讓我們很特別嗎？」我問道。

她想了一會兒，然後繼續說道，「這並不會改變我在別人眼中是否特別的事實。但這問題很重要。」

我靜靜坐著，望著窗外。人類在宇宙中是否很特別，這問題直擊了我們內心最深處的渴望和焦慮。對許多人來說，平凡無奇就等於意味著人類生命中沒有任何目的。若是在宇宙中我們並不特別，某些人可能就覺得人類被降格成跟其他動物沒什麼區別。因此，當你坐在計程車裡談論外星生命時，你會開始思考這一切對我們的意義。我們在這場宏大的戲劇中是否扮演了重要的角色，這個問題的答案，是否取決於我們是不是宇宙中唯一的智慧生物？不用說，這問題沒有簡單的答案。這是一個包含許多更深層次問題的問題。「特別」究竟是什麼意思？是什麼特殊性讓個別人類、人類物種、地球或是其他事物完全與眾不同？

身為科學家，我打算從純粹科學的角度來回答計程車司機的提問。我的意思是，我不打算討論你身為一個人是不是與眾不同。從一個純粹的事實角度來看，答案顯而易見，這個問題因此顯得無趣：沒有兩個人是完全相同的，所以從這個基本的角度來看，你是特別的。如果認為「特別」意味著令人欽佩，那我會把這個問題留給別人來評判。

在本書中，我提出一個可以進行科學研究探討特殊性這個問題：地球上的生命本身是否特別？我們不知道。我們知道構成我們身體的分子是由簡單的成分組成的，這些成分有可能從天體灑落原始地球，也或許是在地球上生成的。然而，我們並不知道是否有了這些成分就能產生生命——這些成分是否必然能組合成可自我複製的細胞？我們對於地球以外生命的探索，或許能夠讓我們更接近這個問題的答案，說明像地球這樣的行星上，生命的出現是特殊的還是普遍的。這種探索也能幫助我們釐清，一旦出現了細胞，是否就有可能生成智慧。哪怕這兩者之間差距巨大，可能需要數十億年才能演化。那時我們或許才會知道，智慧是普遍存在的還是稀有的；或者，它可能是人類獨有的能力。

我們已經對特殊性的第一個版本有了明確的答案，也就是我們這顆星球是不是獨一無二的。事實上，這個答案是如此肯定，以至於很少有人想到去問這個問題。但情況並非一直都是如此。古希臘人對此就存在分歧：有些人相信地球並非獨一無二，天上必然還有很多與地球類似的天體。不過到了中世紀，亞里斯多德的觀點占了上風。亞里斯多德主張，地球是宇宙的中心，而且太陽圍繞著地球轉。這個立場對後來的一神論宗教非常有吸引力，這些宗教認為我們這顆星球，特別是人類，處於上帝天國設計的核心。超過一千年之久，我們在宇宙中與眾不同的地位不曾受到質疑。直到尼古拉・哥白尼（Nicolaus Copernicus）的異端邪說以及他的著作《天體運行論》（*On the Revolutions of the Heavenly Spheres*）在一五四三年問世，才將地球去神祕化。

從那時起，每一代人都見證了地球失去更多特殊性。哥白尼之後，地球或許成了太陽的「奴僕」，但太陽系本身仍然可能是造物主的創作，賜予我們生命所需的溫暖。然而，當我們望向更遙遠的太空時，無可避免地發現了令人痛苦的事實，夜空中許多微小白點本身都是跟太陽類似的恆星。我們對它們知之甚少，卻無法忽視這樣一個現實的可能性：說不定也有其他像我們這樣的世界繞著這些恆星運行。隨著觀測技術的進步，我們發現這些太陽本身也繞著其他東西運轉。龐大的恆星集團以規律的方式環繞著不明確的中心運動，那些天體我們後來稱之為星系。很快，我們得知星系中包含大量的恆星，而宇宙本身充滿了這類星系。數十億顆太陽在數十億的星系中。這似乎是哥白尼革命的圓滿成功：沒有人能相信，在宇宙的無數行星當中，地球是獨一無二的。從統計學來看，類地行星可能不常見，但即便是一個很小的百分比，在非常大的數量中，依然是很大的數字。

然而，現在到了二十一世紀，正在發生一些非凡且令人困惑的事情。過去幾十年間，人類逐漸得知，雖然外太空有許多像我們太陽那樣的恆星，但行星與行星之間差異巨大，對太陽系外行星的搜尋，至今還沒有找到我們太陽系的複製品，或類似的行星形成過程。到目前為止，我們所研究的每個系統都是獨特的，不僅僅在於系統本身的間距和架構不同，所孕育的世界也各不相同：蓬鬆的行星、超級海王星、熾熱木星、海洋世界、由碳化物構成的岩質行星等——各種各樣奇特的描述充斥在科學文獻中。

岩質行星，即便是最像地球的那類星球，也呈現出令人驚訝的多樣性。有些被潮汐鎖定的小紅矮星，行星的一面永遠面向恆星，如同我們的月亮總是對我們展現同一面一樣。在這類行星上，一面永遠明亮，另一面則永恆黑暗，這對生命有什麼影響？我們不得而知。有些太陽系外岩質行星環繞高度橢圓形軌道運行，因此它們先短暫地靠近恆星，然後又長時間在嚴寒的外太空深處，造成從極高溫到極寒劇烈擺盪的氣候。還有一些太陽系外行星受到輻射的轟炸；另一些則是圍繞運行的恆星壽命太短，很可能無法孕育智慧生命。

如果我們找到一塊含有水分且具有適當輻射及溫度水準的岩石，它可能仍不足以表明來自一個與地球足夠類似，可以支持生命的環境。對於地球生命至關重要的是我們的地殼板塊系統，透過板塊不斷下潛地球深處並熔化，這才形成了重要生命基本元素的循環，為生物圈提供能量和燃料。或許在其他星球也需要類似的的板塊系統，至少在某段時期需要。如果行星的大小不合適或水量不對，板塊可能就會停滯，將行星表面變成一塊靜止不動的巨大岩石（就像火星），或者地殼將永遠被深海淹沒。如果真有生命存在，也會被局限在海洋中。

還有大氣呢？一顆就許多方面來看都很類似地球的行星，仍有可能擁有太少或太多的大氣。特定氣體的不同濃度有可能讓大氣層和行星地表變得過熱或過冷。即便恆星很像我們的太陽，行星的軌道距離也很像地球，大氣的性質仍可能會讓行星接收到過多的輻射或者過少的陽光，從而阻礙生命的出現或後續的演化。

這些加總起來便顯示出一種新的「地球特殊論」。即便我們發現自己處於一個擁有類似太陽的宇宙中，地球上支持生命的條件依然無法在其他地方找到——至少在我們目前能夠偵測到的範圍內都找不到。如果我們在挑戰亞里斯多德對地球特殊論的主張時，最終卻發現地球竟然如此特殊——無數罕見的物理條件完美的集中在一起才孕育出生命，哪怕只是細微的差別都可導致行星一片死寂，而地球正好擁有這一切恰到好處的條件——這是多麼諷刺的一件事。

這基本上就是我們試圖解答的問題：有多少路徑可以通向生命，並進一步走向智慧？生命的世界能有多大程度的變化？生命和演化是否需要如此狹窄的行星條件，以至於行星形成的自然變化幾乎總是成為障礙，並且任何成功的行星都會像地球一樣？或者這些容忍度足夠寬泛，以至於許多類型的世界可以孕育許多類型的生物圈？到目前為止，我們非常合理地尋找與地球類似的行星。然而，也許當我們果真找到外星生命時，它們是在一個與地球大不相同的世界上。換句話說，我們假定生命是挑剔的。這種假設可以理解，這讓尋找類地行星的探索變得更加可控，但這不一定能成功。

當然，這一切都不會讓我們更接近宗教所提供的那種答案。如果地球真的是獨特的，或者我們發現生命只存在像地球這樣的行星上，這兩種發現都無法證明造物主的存在。但也許天文學和宗教信仰會在某一點不謀而合，那就是地球確實在宇宙中有一個特殊的位置——這可能是生命得以存在和演化唯一的地方，或者是少數幾個地方。從這層意義上來說，我們從太陽系外行星的研究中學到，哥白尼革命遠遠還未圓滿成功。五百年過去了，我們依然不確定我們的世界是否罕見甚至獨一無二。不同的是，有了現代的望遠鏡，我們或許可以找出真相，而不必依靠信仰來決定地球是否特殊。或許有一天我們能找到確鑿的證據。

關於我們存在的事實，有一點可以確定的，那就是生命並不特殊：生命不論出現在哪裡，它和其他物質一樣都依循物理定律。乍看之下，這一點似乎微不足道。從定義上來說，物理學描述了宇宙中的物質和能量如何運作。如果我們發現了某種物質或行為超出了我們當前對物理學的理解，這並不意味著它「逾越」了物理學；相反地，這只意味著物理學必須修正來解釋這一新發現。這項見識的非凡之處在於：生命受物理學的約束，這意味著生命的結構和行為並不異常。生命的出現可能極其罕見，甚至可能僅限於地球，但生命的運作方式並不會神奇到令人吃驚。

想想在演化過程中生出的種種飛行生物，例如吸蜜蜂鳥（*Mellisuga helenae*）是一種僅僅生活在古巴的蜂鳥，身長僅五到六公分，體重輕到不足兩公克，是當今地球上最小的鳥類。相較之下，已滅絕的爬行類動物風神翼龍（*Quetzalcoatlus*）的雙翼展開可達到十一公尺，尺寸與塞斯納（Cessna）輕型飛機相等。儘管吸蜜蜂鳥與老鷹、信天翁或是已經滅絕的掠食者之間截然不同，但這些動物都是以相同的方式維持在空中飛行。牠們的身體遵守空氣動力學法則，也就是說，翅膀的面積和運動速度決定了牠能產生多少升力。飛行動物別無選擇必須遵守這些規則，否則它就不是飛行動物。飛行生物的形狀相似，因為空氣動力學在任何地方都是相同的，這不是隨意或偶然的結果。

下次當你看到一條魚在溪流或河川的沉積岩石間迅速游竄，看看牠的形狀。如果那是一條快速游動的魚，可能是一種需要躲避掠食者的動物，牠的身體會呈現流線型的紡錘狀外觀，也就是兩端尖細的結構。這是在水中快速移動的最佳方式。海豚也有這相同的設計，牠們可能不需要紡錘狀的身體來逃避掠食者，但是在捕捉其他快速移動的魚類時，這種流線型就非常有用。從某方面來說可能讓人驚訝，海豚是哺乳動物，而魚呢，呃，牠們是魚類。為什麼兩類非常不同的生物，最終看起來如此相似？如果我告訴你，已經滅絕的爬行動物魚龍（*Ichthyosaur*），一億多年前在中生代海洋中巡遊，也有流線型的身體，有點像現代的魚類，你會不會更加驚訝？現在有了第三種具備同樣基本身體結構的生物。

我相信你已經注意到了原因。這是物理學的作用。如果你想要在液體中快速移動，例如在海洋中，那麼流線型的身體就會比方形或扁平的身體更好。如同演化生物學家所觀察到的現象，如果我們最終在遙遠的海洋中發現外星魚類，牠們也將會呈現流線型。相同的物理定律在整個宇宙中運作。物理學支配著生命的每個層面，從活細胞中分子的原子結構到整個生物群的行為。

這類現象一度是不解之謎，以至於讓某種高等智慧生命、上帝或其他力量的存在有可乘之機。肯定是祂們出手左右了動物的運作。只要人類無法理解生命的指導原則，設想有一種超自然力量操縱這一切就變得很合理。但我們現在就能夠更清楚地看出，生命的形式及其活動並不是那麼難以解釋。例如，我們可以用物理學來描述一大群生物作為一個整體運作，無需任何人來引導牠們。有些螞蟻巢穴大到可以覆蓋一個足球場的範圍，其中還設有錯綜複雜的連接隧道、運輸通道和步道，這似乎暗示有某種主腦在控制整個蟻穴建築的設計，也就是蟻后，牠再將每個細節精心地分派給螞蟻工人們，而每隻工蟻只專注努力建構帝國的一小部分。事實上，蟻后並不是一位沉迷於設計藍圖的建築師，也不會監督工程。相反地，螞蟻彼此會交流反應。螞蟻數量少時，牠們會加快工作；當螞蟻過多時，工作速度就會放緩。沒有人需要告訴牠們怎麼做，透過一套簡單的反饋迴路以及交換化學費洛蒙傳遞的最簡單信息，便足以指導牠們建造城市。

這些是物理定律在生命中的運作。從鳥群到角馬群，我們都能看到同樣的原理在發揮作用，而不是某種強大神力的意志。沒有什麼超出解釋範圍的東西存在，也不存在什麼「生命力」。人類以及地球上和宇宙中的所有生命，都是物理方程式的有機體現，數學則賦與了生物的形式。

因此，人類即使在地球上也不特別，但地球上的生命在宇宙中可能確實是特別的。儘管生命的出現和發展的多條路徑無不遵循宇宙的物理定律，但生命本身有可能仍是罕見的。生命是宇宙中的物質，受到與宇宙中所有其他物質相同的限制（至少是所有「正常」的物質；第十二章提到的暗物質就很可能完全不同，儘管它也必須遵守不可逃避的物理定律。）但生命可能是一種非常罕見的物質。就像用普通成分製成的極品乳酪，最終的成品可能非常稀少，那是普通事物的不尋常轉折。

所以，不得不回答我那位計程車司機的問題時，我的答覆是：這要取決於你問的是什麼。地球上的生命是否特殊，人類是不是特殊中的特殊，這取決於你具體在問什麼問題。這並非是模稜兩可的立場，我覺得有趣的是，我們存在的某些層面有可能非常平凡，僅僅是必不可免的物理結果，然而在這種平凡中仍然能產生獨特性。

另一個回答是，作為個體，我們是否特殊，或者地球上的生命是否特殊，其實都不重要。這個問題的答案不會對我們的生活產生任何影響。我們已經知道，在原子層面上，人類與其他生物，甚至在宇宙中飛馳的岩石之間毫無區別。然而，這個無可辯駁的事實對我們的價值觀幾乎沒有影響。也許它應該有更大的影響，但就實際經驗來說並沒有。我們也不會過度關注這樣一個現實：我們的身體與其他許多生物相似，都是大致對稱的，擁有一個中軸，並且眼睛位於運動的方向。這同樣只是物理學引導演化的結果。

在日常生活中，你的特殊性取決於你如何對待他人以及你對社會做出了什麼貢獻。這是你可以控制的。在這樣努力中，個人尋找意義。但對大多數人來說，這與我們是否孤單在宇宙中無關。生命是否罕見，科學遲早會揭露答案；你身為一個人，是不是能夠以嘉惠你的人類同胞而感到滿足，則是由你自己決定。

隨著我們更深入探究宇宙中生命的本質，我們不只更清楚地認識我們自己，同時也會面臨重大挑戰，從保護我們稱為地球的這處生命綠洲，到在遙遠的世界建立社會並尋覓其他生命。然而，我們也不應該期望從這些科學和技術的探索中，找到我們自身的終極目的。理解宇宙中的生命本身就是目的。在實現這一目的過程中，會出現前所未有的發現，這些發現將豐富我們的自我認知和感知，或許還會改變生命對我們每個人的意義，並以我們無法預見的方式改變我們文明的軌跡。

致謝

我要感謝所有容忍我與他們討論宇宙中生命本質的計程車司機。為求簡潔與品質，我逕自將我們的一些對話做出總結，但這些對話的精神和每趟計程車行程中提問的核心思想，全都保留了下來。我要感謝哈佛大學出版社的團隊，特別是珍妮絲・奧黛特（Janice Audet）和艾美拉德・詹森—羅伯茨（Emeralde Jensen-Roberts），感謝他們的建言和指導，以及西蒙・韋克斯曼（Simon Waxman）提出種種想法和建議，大幅改善了原稿。我也要感謝格林與希頓（Greene and Heaton）公司的安東尼・托平（Antony Topping）代理這部作品。最後，我還要向同事們致謝，感謝他們多年來幫助我養成並啟發我對宇宙中生命的興趣和思考。

P212: MARUM-Zentrum für Marine Umweltwissenschaften, Universität Bremen / CC BY 4.0

P228: Fir0002 / Wikimedia Commons

P242: NIAID-RML / Wikimedia Commons / CC BY 2.0

P256: ESO / B. Tafreshi / CC BY-SA 4.0

圖片權利

P16: Miguel Discart / Wikimedia Commons / CC BY-SA 2.0

P28: Wikimedia Commons

P44: Acme News Photos / Wikimedia Commons

P56: NASA / Tracy Caldwell Dyson

P70: NASA / SpaceX

P86: Marilynn Flynn

P100: ESA & MPS for OSIRIS Team MPS / UPD / LAM / IAA / RSSD / INTA / UPM /DASP / IDA, CC BY-SA 3 / 0 IGO

P114: The National Archives UK / Wikimedia Commons

P128: Robek / Wikimedia Commons / CC BY-SA 3.0

P142: BabelStone / Wikimedia Commons / CC BY-SA 3.0

P156: NASA; ESA; G. Illingworth, D. Magee, and P. Oesch, University of California, Santa Cruz; R. Bouwens, Leiden University; and the HUDF09 Team

P170: NASA / JP-Caltech / MSSS

P184: NASA, Design Gary Kitmacher, Architect / Engineer John Ciccora / Wikimedia Commons

P198: gailhampshire / Wikimedia Commons

Jonathan B. Losos, *Improbable Destinies: Fate, Chance, and the Future of Evolution*, 2017

支持演化必然性以及生物學在許多方面可能都具有普遍性。作者認為，生物演化結果通常由結構因素決定。

Aleksandr Solzhenitsyn, *The Gulag Archipelago*, 1973

根據物理學理論，我們沒有人是與眾不同的。但如果我們因此從中得出虛無主義的結論，結果可能就是災難性的。索忍尼辛（Solzhenitsyn）體悟了人道價值的必要性，迄今他依然是當代最具深刻洞察力的道德思想家之一。

上的運作方式。

Erwin Schrödinger, *What Is Life?*, 1944

薛丁格對生命本質的尋思，他在DNA發現之前便有先見之明，提出了遺傳資訊相關理念。

第十八章　我們很特別嗎？

Sean Carroll, *The Big Picture: On the Origins of Life, Meaning, and the Universe Itself*, 2016

全盤審視我們對宇宙的認識，從次原子尺度到宇宙尺度。

Charles S. Cockell, *The Equations of Life: How Physics Shapes Evolution*, 2018

在這本我為一般讀者撰寫的書中，我考量了我們已知的和正在研究的一些物理學原理，它們如何在從原子到有機體集合的各個層級上塑造生命。

Viktor E. Frankl, *Man's Search for Meaning*, 1946

弗蘭克受過心理學家專業訓練，他秉持所學探尋如何在可以想像的最惡劣條件下（身處納粹集中營中）落實積極有意義的生活。這本非凡的書籍出自奧斯威辛（Auschwitz）和達浩（Dachau）集中營的倖存者之手，首次出版之後過了四分之三個世紀，依然深具影響力。

Eric Smith and Harold J. Morowitz, *The Origin and Nature of Life on Earth: The Emergence of the Fourth Geosphere*, 2016

一篇學術文章，側重探討一個關鍵研究領域：地球和生命的共同演化。

第十六章　為什麼我們需要呼吸氧氣？

Donald E. Canfield, *Oxygen: A Four Billion Year History*, 2013

坎菲爾德研究了地球上氧氣的歷史，並討論了幾十年來有關於氣體對生物學重要性的科學發現。

Nick Lane, *Oxygen: The Molecule that Made the World*, 2002

這本平易近人的著作，內容也是關於氧氣的歷史及其與生命的關係。

第十七章　生命的意義是什麼？

Mark A. Bedau and Carol E. Cleland, *The Nature of Life: Classical and Contemporary Perspectives from Philosophy and Science*, 2010

這是本討論生命構成要素的教科書，內容蒐羅出自眾多時代和學科的科學和哲學觀點。

Paul Nurse, *What Is Life?: Understand Biology in Five Steps*, 2020

由諾貝爾獎得主保羅・納斯撰寫的書籍，論述淺顯易懂，內容涉及生命的本質、生命的基本機制，以及我們如何看待有機生物在分子尺度

第十四章　微生物值得我們保護嗎？

Robin Attfield, *Environmental Ethics: A Very Short Introduction*, 2018

介紹環境倫理學的入門讀物，有助了解其中的重要概念。

Charles S. Cockell, "Environmental Ethics and Size," *Ethics and the Environment*, 2008

我的一篇期刊文章，闡述了微生物在環境倫理中所占地位的看法，並權衡了生物的大小如何影響了人類給予牠們的保護。

Joseph R. DesJardins, *Environmental Ethics: An Introduction to Environmental Philosophy*, 1992 (fifth edition, 2012)

對於希望掌握這個重要課題的人而論，這是另一個有用的起點。

第十五章　生命是如何開始的？

David W. Deamer, *Origin of Life: What Everyone Needs to Know*, 2020

如書名所示，這是為一般讀者而寫的生命起源相關著作。

Robert M. Hazen, *Genesis: The Scientific Quest for Life's Origins*, 2005

儘管某些研究領域已經取得進展，哈森的這本書依然是部淺顯易懂的論述，內容闡釋生命起源的科學理論以及支持這些理論的關鍵實驗和觀察結果。

Duncan Forgan, *Solving Fermi's Paradox*, 2018

就我們到目前為止未能觀察到智慧外星人的更多解釋。

第十二章　火星是個糟糕的居住地嗎？

Charles S. Cockell, "Mars Is an Awful Place to Live," *Interdisciplinary Science Reviews*, 2002

這是我的一篇論文，論述人類最終會在火星遍設基地站，住在裡面的人都是科學家、探索者以及在該行星擁有事業的其他人士，而不會有被那裡的異國情調和生活條件吸引前往的數百萬民眾。

Robert M. Haberle, et al., *The Climate and Atmosphere of Mars*, 2017

一本概述火星大氣狀況的教科書，對於考慮在火星定居挑戰的任何人士，這都是一本很寶貴的書。

第十三章　太空會是專制獨裁還是自由社會？

Daniel Deudney, *Dark Skies: Space Expansionism, Planetary Geopolitics, and the Ends of Humanity*, 2020

針對太空探索和後地球時代的樂觀思想，提出令人警惕的對照。

Everett C. Dolman, *Astropolitik: Classical Geopolitics in the Space Age*, 2001

描述一種宇宙地緣政治理論，稱之為天體地理學——在太空中的位置和相對距離，對於未來的安全戰略至關重要。

Paul Davies, *The Eerie Silence: Searching for Ourselves in the Universe*, 2010

一部通俗作品討論人類在宇宙中尋覓外星生命的行動及意義。

第十章　我們能理解外星人嗎？

Barry Gower, *Scientific Method: A Historical and Philosophical Introduction*, 1996

一部出色的學術著作，探討科學方法的歷史和發展。

Thomas S. Kuhn, *The Structure of Scientific Revolutions*, 1962

一個關於科學變革如何發生的經典哲學著作。庫恩的論點具有革命性意義，但至今仍有許多爭議。

Karl Popper, *Conjectures and Refutations: The Growth of Scientific Knowledge*, 1962

卡爾·波普是二十世紀最偉大的科學哲學家之一，對科學方法和科學知識進行了認真的探討。

第十一章　宇宙會不會根本沒有外星人？

Peter D. Ward and Donald Brownlee, *Rare Earth: Why Complex Life Is Uncommon in the Universe*, 1999

一部通俗文獻，內容討論地球的種種不同特徵，循此或許就能引領我們總結認定：複雜生命，也包括智慧生命，在宇宙中是很罕見的。

Stephen Petranek, *How We'll Live on Mars*, 2015

一部簡潔易讀的論述，探討在火星上生活會遇上的一些障礙。

Christopher Wanjek, *Spacefarers: How Humans Will Settle the Moon, Mars, and Beyond*, 2020

一本出色的書籍，充滿了有關太空定居長遠計劃以及如何實現的相關資訊。

第八章　鬼魂存在嗎？

Jack Challoner, *The Atom: A Visual Tour*, 2018

一部擁有精美插圖的指南，介紹原子結構及其發現的歷史。

Lisa Randall, *Dark Matter and the Dinosaurs: The Astounding Interconnectedness of the Universe*, 2015

一本引人入勝的通俗讀物，探討物質和宇宙的本質。

第九章　我們是外星動物園的展品嗎？

Stephen Webb, *If the Universe Is Teeming with Aliens . . . Where Is Everybody? Seventy-Five Solutions to the Fermi Paradox and the Problem of Extraterrestrial Life*, 2002

針對所謂的費米悖論提出的各種可能解釋。

第六章　探索太空的輝煌歲月是否已逝？

Buzz Aldrin and Ken Abraham, *Magnificent Desolation: The Long Journey Home from the Moon*, 2009

以登月太空人艾德林的個人故事為引子，道出探索活動的更廣泛訴求。

Charles S. Cockell, "The Unsupported Transpolar Assault on the Martian Geographic North Pole," *Journal of the British Interplanetary Society*, 2005

這是我的論文，內容設想一趟從火星極地冰帽邊緣跨越大陸前往火星北極的探險活動，並細述了探險者可能採行的路線、他們會面臨的挑戰，以及他們的行動準備細節。

Leonard David, *Mars: Our Future on the Red Planet*, 2016

一部平易近人的論述，內容檢視火星探索的長期計畫。

第七章　火星會是我們的第二個家嗎？

Mike Berners-Lee, *There Is No Planet B: A Handbook for the Make or Break Years*, 2019

作者伯納斯—李在不排斥太空探索的前提下，提出了我們在地球上面臨的部分重大挑戰的解決方法，以及地球仍然是最適合人類生活的星球。

視為追求相同目標的行動：在宇宙中建立可永久存續的社區。

Douglas Palmer, *The Complete Earth: A Satellite Portrait of the Planet*, 2006

一批精彩的影像珍藏，顯示衛星如何能幫助我們體悟我們這顆生機蓬勃星球的壯麗景象。

第五章　我會去火星旅行嗎？

Rod Pyle, *Space 2.0: How Private Spaceflight, a Resurgent NASA, and International Partners Are Creating a New Space*, 2019

派爾引領我們認識讓太空更親近一般民眾的私人企業和政府部門的最新努力成果。

Wendy N. Whitman Cobb, *Privatizing Peace: How Commerce Can Reduce Conflict in Space*, 2020

另一本很寶貴的書，檢視在私人太空探索愈來愈有可能實現的時代，太空旅行不斷變化的形式。

Robert Zubrin and Richard Wagner, *The Case for Mars: The Plan to Settle the Red Planet and Why We Must*, 1996

為大眾讀者撰寫的經典書籍，倡議太空探索和火星移民。

就已提過，讀來趣味盎然。讀者可以在網上找到現代版本，也有印刷版本。

第三章　我該擔心火星人入侵嗎？

Albert A. Harrison, "Fear, Pandemonium, Equanimity, and Delight: Human Responses to Extra-Terrestrial Life," *Philosophical Transactions of the Royal Society A*, 2011

這是篇學術論文，探討人類回應地外文明後可能出現的各種反應。

Michael Michaud, *Contact with Alien Civilizations: Our Hopes and Fears About Encountering . Extraterrestrials*, 2006

一本細緻嚴謹又發人深省的書籍，探討與外星接觸可能帶來的潛在後果，包括正向與負向影響，以及為達成目標所投入的努力。

第四章　去探索太空之前，是不是應該先解決地球上的問題？

R. Buckminster Fuller, *Operating Manual for Spaceship Earth*, 1969

富勒以他特有的著述風格，省思人類與地球資源日益密切的關係，以及落實可永續未來的可能性。

Charles S. Cockell, *Space on Earth: Saving Our World by Seeking Others*, 2006

這是我為一般讀者撰寫的書，內容主張環保主義和太空探索應該被

Nick Lane, *Life Ascending: The Ten Great Inventions of Evolution*, 2009

這是部平易近人，適合所有人閱讀的著作，講述在演化歷程發生的一些重大創新。

John Maynard Smith and Eörs Szathmáry, *The Major Transitions in Evolution*, 1995

這本內容嚴謹的書，勾勒出地球生命史上的重大進展，從基因傳遞歷程中的轉變到語言的出現。

第二章　跟外星人接觸會改變我們的一切嗎？

Michael J. Crowe, *The Extraterrestrial Life Debate 1750–1900: The Idea of a Plurality of Worlds from Kant to Lowell*, 1986

一部寫得非常好的學術著作，講述我們對外星生命的思想歷史。

Steven J. Dick, *The Biological Universe: The Twentieth-Century Extraterrestrial Life Debate and the Limits of Science*, 1996

這部巨著細述有關外星生命長年不輟的討論，以及這些討論中所蘊含的世界觀，還有許多繽紛的插曲。

Bernard Le Bovier de Fontenelle, *Conversations on the Plurality of Worlds*, 1686

豐特奈爾的《關於世界多元性的對話》：這本舊書在第二章的正文

延伸閱讀

本書中的文章並非旨在對其主題做出詳盡討論；如果是那樣，這本書的就會多出二十倍左右篇幅。相反地，我希望能向讀者介紹一些重要又發人深省的觀點。這些觀點其他人也有許多有趣的想法。如果有讀者想要進一步深入了解，可以參考底下按章節主題整理的推薦書目。這些作品從大眾讀物到學術著作都有，還納入了幾篇期刊論文。部份推薦的書目比較老舊，因為最優秀的著作未必都是最新的——請記住，在網際網路之前，文明就已經存在了——也因為探索宇宙中的生命有值得我們關注的歷史。我還引用了自己的一些作品，這些作品也影響了某些篇章中我的主要論點。

第一章　外星有計程車司機嗎？

Simon Conway-Morris, *Life's Solution: Inevitable Humans in a Lonely Universe*, 2003

這本書探討趨同演化現象——生命型式面對生存挑戰時往往傾向類似的解決方案。本書還講述了這種現象對地球（以及或許在其他任何可能存在生命的地點）演化結果的影響。這是本內容邏輯縝密、意義重大的作品。

計程車上的天文學家

作　　者　查爾斯．科克爾（Charles S. Cockell）
翻　　譯　蔡承志
責任編輯　何維民

版　　權　吳玲緯　楊靜
行　　銷　闕志勳　吳宇軒　余一霞
業　　務　李再星　李振東　陳美燕
副總編輯　何維民
編輯總監　劉麗真
事業群總經理　謝至平
發 行 人　何飛鵬

出　　版　麥田出版
115台北市南港區昆陽街16號4樓
電話：02-25000888　傳真：02-25001951
發　　行　英屬蓋曼群島商家庭傳媒股份有限公司城邦分公司
115台北市南港區昆陽街16號8樓
客服專線：02-25007718；02-25007719
24小時傳真服務：02-25001990；02-25001991
服務時間：週一至週五09:30-12:00，13:30-17:00
郵撥帳號：19863813 戶名：書虫股份有限公司
讀者服務信箱E-mail：service@readingclub.com.tw
城邦網址：http://www.cite.com.tw
麥田出版臉書：http://www.facebook.com/RyeField.Cite/
香港發行所　城邦（香港）出版集團有限公司
香港九龍土瓜灣土瓜灣道86號順聯工業大廈6樓A室
電話：852-25086231
傳真：852-25789337
馬新發行所　城邦（馬新）出版集團
41, Jalan Radin Anum, Bandar Baru Seri Petaling,
57000 Kuala Lumpur, Malaysia.
電話：+6(03) 90563833　傳真：+6(03) 90563833　E-mail：service@cite.my

印　　刷　前進彩藝有限公司
電腦排版　黃雅藍
書封設計　兒日工作室

初版一刷　2024年10月

定　　價　450元
I S B N　978-626-310-737-3

TAXI FROM ANOTHER PLANET

國家圖書館出版品預行編目資料

計程車上的天文學家／查爾斯．科克爾（Charles S. Cockell）著；蔡承志譯. -- 初版. --
臺北市：麥田出版：英屬蓋曼群島商家庭傳媒股份有限公司城邦分公司發行, 2024.10
288面；15×21公分
譯自：Taxi from another planet : conversations with drivers about life in the universe
ISBN 978-626-310-737-3（平裝）

1. CST：外星人　2. CST：天文學
326.96　　113011357